Hafida Rachidi

Analyse des risques sanitaires dus aux intoxications alimentaires

Hafida Rachidi

Analyse des risques sanitaires dus aux intoxications alimentaires

Evaluation, gestion et communication de risque alimentaire au Maroc

Presses Académiques Francophones

Impressum / Mentions légales

Bibliografische Information der Deutschen Nationalbibliothek: Die Deutsche Nationalbibliothek verzeichnet diese Publikation in der Deutschen Nationalbibliografie; detaillierte bibliografische Daten sind im Internet über http://dnb.d-nb.de abrufbar.
Alle in diesem Buch genannten Marken und Produktnamen unterliegen warenzeichen-, marken- oder patentrechtlichem Schutz bzw. sind Warenzeichen oder eingetragene Warenzeichen der jeweiligen Inhaber. Die Wiedergabe von Marken, Produktnamen, Gebrauchsnamen, Handelsnamen, Warenbezeichnungen u.s.w. in diesem Werk berechtigt auch ohne besondere Kennzeichnung nicht zu der Annahme, dass solche Namen im Sinne der Warenzeichen- und Markenschutzgesetzgebung als frei zu betrachten wären und daher von jedermann benutzt werden dürften.

Information bibliographique publiée par la Deutsche Nationalbibliothek: La Deutsche Nationalbibliothek inscrit cette publication à la Deutsche Nationalbibliografie; des données bibliographiques détaillées sont disponibles sur internet à l'adresse http://dnb.d-nb.de.
Toutes marques et noms de produits mentionnés dans ce livre demeurent sous la protection des marques, des marques déposées et des brevets, et sont des marques ou des marques déposées de leurs détenteurs respectifs. L'utilisation des marques, noms de produits, noms communs, noms commerciaux, descriptions de produits, etc, même sans qu'ils soient mentionnés de façon particulière dans ce livre ne signifie en aucune façon que ces noms peuvent être utilisés sans restriction à l'égard de la législation pour la protection des marques et des marques déposées et pourraient donc être utilisés par quiconque.

Coverbild / Photo de couverture: www.ingimage.com

Verlag / Editeur:
Presses Académiques Francophones
ist ein Imprint der / est une marque déposée de
OmniScriptum GmbH & Co. KG
Heinrich-Böcking-Str. 6-8, 66121 Saarbrücken, Deutschland / Allemagne
Email: info@presses-academiques.com

Herstellung: siehe letzte Seite /
Impression: voir la dernière page
ISBN: 978-3-8416-3531-0

Zugl. / Agréé par: béni Mellal, université sultan moulay sliman, faculté des sciences et techniques, 2011

Liste des abréviations

ACIA: Agence Canadienne d'Inspection des Aliments

AFNOR : Agence Française de Normalisation

AHC: Les Amines Hétéro Cycliques

BMH: Bureaux Municipaux d'Hygiène

BRC: British Retail Consortium Standards

BSI: British Standards Institution

CAPM: Centre Anti poison et de Pharmaco vigilance du Maroc

CCP: Points Critiques pour leur maîtrise

DAR : Développement Agricole et Rural

DES: Divisions Economiques et Sociales

DIP: Direction des Industries de la Pêche

DRF: Division de la Répression des Fraudes

EACCE: Etablissement Autonome de Contrôle et de Coordination des Exportations

ESB: Encéphalopathie Spongiforme Bovine

FAO: Food and Agriculture Organisation/ Organisation des Nations unies pour l'alimentation et l'agriculture

FTV: Fiches de Toxico-Vigilance

HACCP: Hazard Analysis Critical Control Points

HAP : Hydrocarbures Aromatiques Polycycliques

IAMFES: Association des hygiénistes du lait, des aliments et de l'environnement

ICMSF: Commission internationale des spécifications microbiologiques pour les aliments.

IFS: L'international Food Standard

ISO: International Organization for Standardization

NASA : National Aeronautics and Space Administration (Administration nationale de l'aéronautique et de l'espace)

OAA [FAO] : Organisation des nations unies pour l'Alimentation et l'Agriculture

OGM: Organisme Génétiquement Modifié

OIE: Office International des Epizooties

OMC: Organisation Mondiale du Commerce

OMS: Organisation Mondiale de la Santé

ONICL: Office National Interprofessionnel des Céréales et Légumineuses

ONSSA : Office National de Sécurité Sanitaire des produits Alimentaires

PGQ: Programme canadien de Gestion de la Qualité

PGQM: Programme de Gestion de la Qualité Marocaine

PME: Petites et Moyennes Entreprises

PRP : les Programmes Préalables

SDN: Société Des Nations

SNIMA : Service de Normalisation Industrielle Marocaine

SPS: Accord sur l'application des mesures Sanitaires et Phytosanitaires

TIAC: Toxi-Infection Alimentaire Collective

TQM: Total Quality Management (Gestion totale de la qualité)

USFDA: Food and Drug Administration des USA

Sommaire

Introduction

La mondialisation de l'économie a entraîné, pour les sociétés désireuses de demeurer compétitives à l'échelle internationale et acquérir de nouvelles parts de marché, l'intégration du système de la qualité et de la gestion des risques à la stratégie globale de développement, ainsi qu'aux différents stades du processus d'élaboration du produit.

Toute entreprise doit fournir à ses clients les meilleurs produits au meilleur coût, tout en respectant les exigences règlementaires et en minimisant les risques vis-à-vis du consommateur, de son personnel, de son environnement, etc. Elle doit absolument maîtriser la qualité de son produit, de ses services et réduire et maîtriser l'ensemble des risques potentiels lié au produit alimentaire.

Pour répondre aux attentes de ses clients, des programmes spécifiques peuvent accompagner l'entreprise dans la mise en place d'un processus d'amélioration continue de la maîtrise des risques et de la qualité :

- Le management intégré des risques;
- Le management de la sécurité des denrées alimentaires.

En effet, le thème de la sécurité des aliments est devenu de plus en plus important au niveau mondial. Ceci résulte, en partie, des cas élevés d'intoxications alimentaires (IA) qui ont frappé le secteur agroalimentaire (MARVAUD.J et al, 2002) et le consommateur qui est devenu plus exigent en ce qui concerne la qualité des produits alimentaires. En d'autre partie, il y a l'option des gouvernements d'entrer dans la sphère de la globalisation du marché, ce qui implique de nouvelles mutations de celui ci.

Dans les pays industrialisés, nous signalons que la proportion des personnes souffrant chaque année de maladies d'origine alimentaire pourrait atteindre 30%. Aux États-Unis d'Amérique, par exemple, il a été estimé que 76 millions des cas surviennent chaque année, entraînant 325 000 hospitalisations et 5 000 décès (OMS, 2007). De même, Aux États-Unis d'Amérique, en 1994, une flambée de salmonellose provenant de crèmes glacées contaminées a affecté 224 000 personnes selon les estimations (OMS, 2007). En Chine, en 1988, 300 000 personnes ont été victimes d'une flambée d'hépatite A, à la suite de la consommation de clams contaminées (OMS, 2007).

Au Maroc, surviennent des intoxications plus dramatiques pouvant menacer la sécurité sanitaire de la population et toucher aux intérêts économiques du pays. En 1959, le drame des huiles frelatées a été à l'origine de centaines décès et handicaps moteurs chez des milliers de personnes. Dernièrement, les évènements d'intoxication aux moules (1994), à la Mortadelle (1999), aux escargots (1997), au melon (1997), à la vodka (1997), à l'alcool à brûler (2009)... ont été largement médiatisés (CAPM, 2010). Particulièrement, entre 1980 et 2000, 7651 cas d'intoxications alimentaires ont été déclarés au Centre Anti poison et de Pharmacovigilance du Maroc (CAPM). Les principaux épisodes d'intoxications et toxi-infections alimentaires survenus au Maroc sont cités ci-dessous:

- En 1959, à Meknès, une intoxication a touché plus de 11000 personnes, dont 24% sont des enfants âgés de moins de 15 ans. Plus de 32% des personnes intoxiquées ont gardé des séquelles permanentes. Elle est due au tricresolorthophosphate (huile d'olive en vrac mélangée frauduleusement avec l'huile lubrifiante des moteurs d'avions) (IDRISSI.L, 2005);

- En 1996, une intoxication par la « maakouda » est survenue suite à la consommation d'une préparation à base d'œufs et de pommes de terre, dans une gargote de la médina de Rabat (IDRISSI.L, 2005);

- En 2000, une intoxication botulinique a touché les villes de Rabat, Temara, Casablanca, Settat et Marrakech. 71 personnes ont été intoxiquées dont 26 décès et 14 enfants ont gardé des séquelles permanentes. L'aliment incriminé est la mortadelle de fabrication nationale (IDRISSI.L, 2005).

Face à cette recrudescence des toxi-infections alimentaires au Maroc, les réglementations sanitaires et les modalités de leurs applications ont fait l'objet de révisions profondes ces dernières années afin d'en améliorer l'efficacité et la fiabilité (HANAK.E et al., 2000). Ces révisions sont catalysées par la création d'importants pôles économiques à travers le monde et par des recherches scientifiques et technologiques poussées sur les facteurs clés de la gestion de ce risque, notamment au niveau de l'industrie agro-alimentaire.

Les maladies transmises par les aliments constituent un problème mondial d'une ampleur considérable, en raison à la fois des souffrances humaines qu'elles engendrent et des coûts économiques qui leurs sont associés (BUISSON.Y, TEYSSOU.R, 2002). Aux Etats-Unis d'Amérique, on estime que les dépenses entraînées par les maladies imputables aux principaux agents pathogènes se chiffrent à elles seules à US $35 milliards par an en frais médicaux et en perte de productivité. La réapparition du choléra au Pérou en 1991 a provoqué la perte d'US $500 millions au niveau des exportations de poisson et des produits de la pêche (OMS, 2007).

Au delà du coût médical et social, apparaît un enjeu économique plus important. Une alerte alimentaire mal gérée – surtout au niveau de la communication – peut provoquer des pertes non négligeables pour une entreprise. Outre les retombées néfastes en termes d'image, les conséquences financières peuvent être majeures pour les industriels. Alors, les coûts pour une entreprise suite à une crise sanitaire sont multiples : les coûts économiques directs (les produits retirés du marché, jetés ou détruits) et le coût technique dû aux modifications du processus de fabrication (VAN WASSENHOVE.W, 2004),…

Et avec l'avènement des associations de consommateurs et l'intérêt des média à l'égard des questions de la consommation, il y a une montée de la conscience du consommateur qui demande de plus en plus à ce qu'on lui fournisse au moins un produit sain avec des informations justes (DE BROSSE.A, 2002) (GRANDIN.J *et al.*, 2003). Dans ce but et afin de protéger la santé publique contre les risques de toxi-infections liés aux aliments, il est important d'asseoir la loyauté dans les échanges commerciaux des produits alimentaires et pour protéger l'environnement de la pollution. La plupart des pays ont promulgué une législation, des normes et une réglementation. Ces dernières fixent les modalités de l'inspection et du contrôle de la qualité de ces produits (RABILLIER.PH *et al.*, 1998).

C'est pourquoi l'adoption des normes de la sécurité sanitaire des aliments plus rigoureuses est une nécessité. Cela doit être fait par la mise en place, à la lumière des résultats de l'évaluation du risque, des alternatives politiques et, si nécessaire, à sélectionner et élaborer des options de contrôle et des méthodes efficaces de contrôle de l'hygiène alimentaire. Face aux insuffisances des approches traditionnelles de contrôle de la sécurité alimentaire, d'inspection et de contrôle des produits finis, il est nécessaire d'appliquer l'HACCP, qui a été décrit comme le moyen le plus viable pour la prévention des maladies d'origine alimentaire (EHIRI.J.E *et al.*, 1995) (GUEGUEN.H, 2009). Cependant, la mise en œuvre pratique de l'analyse des dangers et maîtrise des points critiques (HACCP) et notamment la définition des points critiques (PCC) dans l'industrie alimentaire est généralement une tâche complexe et structuré. Cela est particulièrement le cas des petites et moyennes entreprises (PME) (BERTOLINI.M *et al.*, 2007).

La transcription en droit français a consacré la « nouvelle approche » en matière de sécurité des aliments en fixant des objectifs à atteindre aux professionnels et en imposant une méthode (HACCP) pour maîtriser le risque alimentaire (COSSON.C et al., 2003). Également, au Maroc, les normes concernant la protection du consommateur face aux risques que peuvent engendrer certains produits industriels agro-alimentaires, sont rendues d'application obligatoire. Le contrôle de conformité des produits par rapport aux exigences de ces normes est institué. Par ailleurs, le contexte économique actuel rend l'entreprise marocaine de plus en plus confrontée à une concurrence vive. Ce qui nécessite une valorisation permanente des produits et services, l'optimisation des coûts de production, le développement des compétences humaines et la maîtrise totale des processus de fabrication. Alors, le succès à long terme d'une société implique l'adhésion totale de l'ensemble du personnel au principe de la qualité. D'où la nécessité d'évaluer les besoins en formation et d'instaurer une communication interne permettant la circulation de l'information et la coordination des actions de toutes les équipes.

La compétence du personnel, fondée sur la formation initiale et professionnelle, le savoir-faire et l'expérience, est un élément essentiel de tout système de management. C'est pourquoi sa formation, sa compétence et sa sensibilisation sont des exigences importantes (BOUCHEZ.J.P, 2003). De plus, l'efficacité finale du contrôle de la qualité ainsi que la charge du travail des individus dépendent de multiples conditions techniques et organisationnelles.

1- L'évaluation de risque

1-1- Définition et présentation des dangers sanitaires

Le terme de 'danger sanitaire' désigne principalement l'agent microbiologique responsable d'une toxi-infection et plus particulièrement une bactérie. Mais, il peut aussi s'agir d'une contamination physique (par exemple un éclat de verre ou une pièce métallique) ou chimique. Alors que le risque est une fonction de la probabilité d'un effet néfaste sur la santé et de la gravité de cet effet résultant d'un ou de plusieurs dangers dans un aliment (FAO/OMS, 2001).

Une toxi-infection alimentaire (en langage courant, une intoxication alimentaire) est une maladie souvent infectieuse et accidentelle. Cette maladie est contractée suite à l'ingestion de nourriture ou de boissons contaminées par des agents pathogènes qu'il s'agisse de bactéries, virus, parasite ou de prions. L'intoxication peut être due à un microbe qui infecte l'individu, puis produit des toxines, mais aussi à d'autres toxiques d'origines diverses. Tout produit absorbé en excès devient toxique et nous pouvons alors parler d'une intoxication (CAPM, 2010). Alors qu'une intoxination est la situation dans laquelle nous subissons les effets des toxines provenant de pathogènes sans être infecté par le pathogène (MARVAUD.J et al, 2002).

Pour les maladies d'origine alimentaires provoquées par l'ingestion de produits non comestibles (intoxications médicamenteuses, métaux lourds, empoisonnement, champignons vénéneux, des produits chimiques), nous parlons seulement d'intoxication alimentaire.

Les bactéries sont principalement responsables de la plupart des toxi-infections dans les pays industrialisés, alors que les virus sont difficilement détectables. De plus, le caractère plus aigu de leurs symptômes par rapport aux contaminants chimiques, permet d'établir rapidement une relation de causalité entre une personne malade et une denrée contaminée. Alors que les contaminants chimiques sont observés par les plans de surveillance et des prélèvements d'échantillons périodiques (VAN WASSENHOVE.W, 2004).

Le risque alimentaire résulte non seulement des contaminants microbiologiques, mais aussi de plus en plus de contaminants chimiques et radioactifs. La liste, non exhaustive, des dangers potentiels de l'alimentation pour l'homme est la suivante (*voir tableau 1)* (VAN WASSENHOVE.W, 2004).

Tableau 1: Les dangers sanitaires pour l'homme.

Contaminants microbiologiques et parasitologiques	
Principaux micro-organismes responsables des intoxications alimentaires	
Virus	Les toxi-infections alimentaires microbiologiques transmises par les virus représentent environ 5-10%. Ce faible chiffre s'explique par la difficulté de détection. Exemple : virus de l'hépatite A, virus de Norwalk, Rétrovirus.
Bactéries	Les bactéries causent environ 90% des toxi-infections alimentaires. Les bactéries pathogènes les plus fréquemment rencontrées sont : Salmonella, Staphylococcus aureus, Clostridium perfringens, Bacillus cereus, Campylobacter jejuni, Shigella, Esheriscia coli, en particulier O157 : H7, Streptococcus, Vibrio vulnificus, Listeria monocytogenes, Yersinia enterocolitica, Vibrio cholerae, Vibrio parahaemolyticus, Clostridium botulinum, Aeromonas hydrophila, Plesiomonas shigelloides. Il existe d'autres bactéries pathogènes moins fréquentes, comme Bacillus antracis par exemple.
Levures	Les levures sont très répandues dans la nature et très peu responsables de toxi-infections alimentaires.
Moisissures	Certaines moisissures sont nuisibles par l'altération des matières premières et des produits alimentaires. La formation de métabolites toxiques (mycotoxines) ou la formation d'agents pathogènes entraînent mycoses et allergies. Un grand nombre de matières premières destinées à l'alimentation humaine ou animale peut être

	contaminé par des
	moisissures toxinogènes : blé, maïs, arachide, cacao, fèves, orge, soja,… Cinq types de
	moisissures produisent des mycotoxines : Aspergillus, Fusarium, Penicillium, Alternaria,
	Claviceps.

Protistes et autres parasites responsables des intoxications alimentaires	
Protozoaires	Dans les pays industrialisés, les protozoaires représentent moins de 1% des toxi-infections
	alimentaires d'origine microbiologique. La situation est différente dans les pays en voie de développement et dans des pays tropicaux. Les principaux protozoaires pouvant contaminer les aliments sont : Entamoeba histolytica, Toxoplasma gondii, Cryptosporidium parvum, Giardia lamblia
Algues	Les intoxications alimentaires dues aux algues sont rares à l'exception des algues
	Alexandrium et Gambierdiscus toxicus qui provoquent des intoxications associées aux
	produits marins.
Vers	Les vers les plus fréquents sont Teania solium, T. saginata, Trichinella spiralis, T.
	nativa.

Contaminants chimiques

Les dangers liés à l'agriculture ne sont pas en mesure de causer des toxi-infections alimentaires aiguës, mais citons les OGM (Organisme Génétiquement Modifié) (à controverse), dans l'alimentation animale les résidus de médicaments vétérinaires (antibiotiques, anabolisants), dans des farines animales la présence du prion (ESB : Encéphalopathie Spongiforme Bovine) ou des dioxines, des résidus des traitements phytosanitaires. Dans la même mesure comme les dangers liés à l'agriculture, les dangers liés à l'environnement sont plus à considérer sur le long terme ; les rejets radioactifs, les dioxines, les métaux lourds et les furanes. Dans les toxines naturelles nous rencontrons des toxines du monde marin : les phycotoxines, les toxines de plantes, les toxines de moisissures et des toxines produites par des bactéries.

Risques liés aux habitudes alimentaires

La réaction de Maillard, qui est omniprésente lorsqu'on prépare des aliments (réaction de brunissement non enzymatique), forme certaines molécules mutagènes comme les nitrosamines. Les hydrocarbures aromatiques

polycycliques (HAP) sont formés à partir de radicaux libres au cours de réactions de pyrolyse (cuisson par

grillage, barbecue, four, fumaison) mais également par la pollution de l'environnement, qui par la chaîne

alimentaire, arrive jusqu'à l'homme. Les amines hétérocycliques (AHC) sont très mutagènes et sont formées au

cours des processus de grillage ou rôtissage intense, mais également au cours de chauffages modérés de cuisson

des aliments.

Allergies et intolérances alimentaires

Les dernières années une recrudescence des allergies alimentaires est constatée, pour n'en citer qu'une, la noix d'arachide.

1- 2- Les dangers liés à une contamination d'une denrée alimentaire

Une multitude d'agents infectieux pathogènes (bactériens, viraux, parasitaires…) sont ou peuvent être transmis à l'homme par les aliments et l'eau (MEAD.PS *et al.,* 1999). La transmission à l'homme résulte d'une contamination primaire de la matière première ou d'une contamination secondaire des aliments. Elle peut être transmise par l'environnement et/ou l'homme lors de la fabrication, la distribution ou la préparation des aliments (TAUXE.RT, 1997). La contamination se traduit, sur le plan épidémiologique sous la forme de toxi-infection alimentaire collective (TIAC: au moins deux cas d'infection d'une même maladie survenant chez des personnes ayant partagé le même repas), d'épidémies communautaires qui peuvent atteindre plusieurs centaine, voire des centaines de milliers de malades et plusieurs pays, selon l'importance de la distribution de l'aliment contaminé (KAFERSTEIN.FK *et al.,* 1997). Enfin, d'infections dites sporadiques (en apparence isolées) qui sont les plus nombreuses (TAUXE.RT, 1997).

Les intoxications alimentaires sont très répandues et représentent une menace sérieuse pour la santé, à la fois pour les pays en voie de développement et les pays développés (BUISSON.Y, TEYSSOU.R, 2002). L'évolution des modes de distribution et de consommation des produits alimentaires, ainsi que l'augmentation du nombre de consommateurs à risque (personnes âgées, immunodéprimés ou allergiques) contribuent constamment à l'émergence de nouveaux dangers. Ils peuvent être à l'origine d'importantes flambées épidémiques de toxi-infections.

Aussi, une telle contamination résulte habituellement de méthodes inadéquates de manipulation, stockage, préparation, conservation ou cuisson des aliments (non-respect des températures d'entreposage ou de cuisson…). De bonnes pratiques d'hygiène avant, pendant et après la préparation de la nourriture peuvent réduire les risques des toxi-infections. L'action de surveiller la nourriture (« de la fourche à la fourchette ») pour s'assurer qu'elle ne provoquera pas de maladie transmise par voie alimentaire est connue sous le terme de sécurité alimentaire.

De plus, les maladies transmises par les aliments peuvent avoir de graves répercussions économiques et sociales, notamment en termes de perte de revenu et au niveau de la capacité de la production (VAN WASSENHOVE.W, 2004).

En effet, les problèmes de la sécurité sanitaire des denrées alimentaires peuvent être identifiés à partir de sources variées, telles que: des études sur la prévalence et la concentration des dangers dans la filière alimentaire et dans l'environnement, des informations relatives au contrôle des maladies humaines, des études épidémiologiques, des études cliniques, des études de laboratoire, des innovations techniques ou médicales, l'absence de conformité aux normes, des recommandations émises par des groupes d'experts, l'opinion publique, etc.

Une appréciation précise des causes des intoxications alimentaires est aujourd'hui une nécessité urgente pour une analyse adéquate et efficace de risque. De ce fait, nous avons mené une étude statistique sur les données disponibles au Centre Anti poison et de Pharmacovigilance du Maroc (CAPM). Il s'agit d'une enquête rétrospective des cas d'intoxications alimentaires, au Maroc, déclarés au CAPM de 2001 à 2004. L'objectif est d'analyser les données disponibles sur les intoxications alimentaires et d'estimer leurs impacts sur la santé publique et le développement économique.

Notre étude a montré que les intoxications alimentaires étaient de 5943 cas, dont 11 décès. 92% des personnes intoxiquées ont été exposées au risque une seule fois, ceci peut être dû à l'intensité de l'agent toxique et/ou à la sensibilité de la population intoxiquée. L'intoxication était accidentelle dans 91% des cas, à cause de plusieurs éléments comme le manque de précaution et de sensibilisation des consommateurs aux bonnes pratiques d'hygiène. En outre, les problèmes de la salubrité des aliments dus à l'évolution des modes de production, de distribution, de préparation et de consommation, les nouvelles pratiques d'alimentation des animaux, les changements dans les méthodes d'élevage, les procédés agronomiques et la technologie alimentaire peuvent être à l'origine du caractère accidentel des intoxications. 67% des intoxications alimentaires sont survenues à domicile; ce qui pourrait s'expliquer, essentiellement, par la mauvaise conservation des aliments et le non respect de la chaîne du froid et des mesures d'hygiène. Dans une étude récente basée sur les données de la toxicovigilance du Centre Anti-Poison du Maroc (CAPM) -sur une durée approximative de 20 ans, de 1989 à 2008- seuls 17 896 cas de maladies alimentaires ont été déclarés au CAPM, avec 59 décès (CAPM, 2010). Ce chiffre est loin de refléter la réalité et le nombre de décès déclaré serait inférieur au nombre réel, du fait des sous-déclarations des toxi-infections et de l'imprécision des diagnostics en raison notamment de la faiblesse des structures médicales. Egalement, la population marocaine ne connaît pas bien les risques des TIAC, celles-ci ne sont déclarées qu'en face d'aggravation. Ceci peut être lié, aussi, à la mauvaise transmission de l'information et à la faiblesse de communication en matière d'hygiène alimentaire.

Dans notre étude comme dans la littérature, les maladies alimentaires sont de plus en plus fréquentes. Cette augmentation est due, notamment, à une faiblesse d'actions de formation, d'information et de sensibilisation des citoyens sur les risques encourus et à un manque d'exigence en matière de surveillance et d'application de la réglementation par les industries. Ainsi des réorganisations importantes (par exemple la sous-traitance) sont conduites sans aucune réflexion sur leurs impacts éventuels concernant la sécurité (BOURRIER.M, 2003).

Par ailleurs, pour réduire la morbidité et la mortalité en rapport avec ces maladies alimentaires (MA), il faudrait un renforcement des moyens financiers et humains pour respecter la réglementation dans les points de vente des produits alimentaires (respect de la chaîne de froid, hygiène des locaux et du personnel, suivi médical de ce dernier...), rendre obligatoire les prélèvements sur les aliments incriminés au moins devant toute TIAC (car il est à signaler le manque constant de données de laboratoire sur la cause des MA) et renforcer l'action de l'Office National de Sécurité Sanitaire des produits Alimentaires (ONSSA) pour faire adhérer les producteurs aux bonnes pratiques agricoles et les entreprises du secteur alimentaire à l'application de la méthode HACCP. En effet, quelles que soient les mesures établies, le risque zéro n'existe pas. La mise en place d'un système de vigilance et de surveillance épidémiologique des intoxications alimentaires est indispensable pour détecter le plus tôt possible toute menace et permettre d'appliquer les actions nécessaires pour limiter le préjudice (CAPM, 2010).

Plus précisément, l'application de normes sanitaires et phytosanitaires est un élément important du développement du commerce mondial des produits périssables à forte valeur ajoutée. Cela, dans la mesure où ces normes permettent de gérer efficacement les risques liés à la propagation des ennemis des cultures et des maladies animales et à la présence de contaminants et d'agents pathogènes microbiens dans les aliments.

2- La gestion des risques sanitaires liés aux intoxications alimentaires

La gestion des risques consiste à identifier le niveau le plus bas de risque pouvant raisonnablement être toléré. Cet objectif peut nécessiter une connaissance des variables et des potentiels spécifiques à un processus dans le cas d'un système de transformation et de manipulation des aliments (FAO/OMS, 1998). La gestion de risque consiste aussi à mettre en place, à la lumière des résultats de l'évaluation de risque, des alternatives politiques et, si nécessaire, à sélectionner et élaborer des options de contrôle appropriées. Ceci peut être conduit par des mesures de régulation en agissant sur les causes potentielles de risque (SCHLUNDT.J, 2000).

Tout épisode de TIAC nécessite une enquête pour identifier l'agent infectieux, l'aliment ayant servi de vecteur, le mode de contamination de l'aliment et les facteurs ayant favorisé la pullulation, afin de prendre des mesures efficaces pour prévenir les récidives (BUISSON.Y, TEYSSOU.R, 2002). Cette enquête multidisciplinaire, à la fois clinique, microbiologique et alimentaire, peut être difficile.

Alors, pour les particuliers, la prévention de ce risque consiste à respecter les conditions de conservation des aliments, à nettoyer le réfrigérateur régulièrement, à contrôler la date limite de consommation des aliments emballés, à laver à l'eau claire les produits consommés frais (fruits, salade, légumes), à se laver les mains avant de préparer et de consommer un repas, à laver les couverts après utilisation et à maintenir la cuisine dans un état de propreté suffisant.

De la part des professionnels, il convient d'adopter des mesures de régulation concernant l'hygiène, le matériel de qualité alimentaire, la matière première, le nettoyage, la chaîne de froid, la gestion du personnel..., ainsi qu'une surveillance des risques (analyses régulières, procédures HACCP...) (GUEGUEN.H, 2009) (BUISSON.Y, TEYSSOU.R, 2002).

La responsabilité de la conservation des aliments en bon état est partagée par tous ceux qui interviennent dans leur production et leur manipulation. Les recours d'expériences montrent qu'une part significative des problèmes de la sécurité alimentaire semble être liée aux risques microbiologiques et aux systèmes de contrôle sanitaire.

2-1- Les acteurs internationaux de la sécurité sanitaire des aliments

Sur un plan international, trois institutions ont reçu des missions complémentaires dans le domaine de la sécurité des aliments: l'organisation des nations unies pour l'alimentation et l'agriculture (FAO), l'organisation mondiale de la santé (OMS) et l'office international des épizooties (OIE). Le programme mixte FAO/OMS sur les normes alimentaires est mis en œuvre par la commission du Codex Alimentarius.

2-1-1- L'Organisation Mondiale de la Santé (OMS)

Fondée le 7 avril 1948, l'OMS trouve ses origines dans les guerres de la fin du XIX siècle (guerre américano-mexicaine, guerre de Crimée). Près la première guerre mondiale, la grippe espagnole de 1918-1919, qui fit en six mois plus de vingt millions de morts, poussa la société des nations (SDN) à créer le comité d'hygiène de la SDN, qui est l'embryon de l'OMS (OMS, 2008).

L'OMS est dirigée par 193 états membres, réunis à l'assemblée mondiale de la santé. Cette assemblée, composée des délégués représentants les états membres, a pour fonctions principales d'approuver le budget programme de l'OMS pour l'exercice biennal suivant et de statuer sur les grandes orientations politiques de l'organisation (OMS, 2008).

En partenariat avec d'autres parties intéressées, l'OMS élabore des politiques destinées à renforcer davantage la salubrité des aliments, à la promotion des bonnes pratiques de fabrication et à l'information des détaillants et des consommateurs sur la bonne manière de manipuler les aliments. L'éducation des consommateurs et la formation des personnes chargées de manipuler les aliments comptent parmi les interventions les plus cruciales pour la prévention des maladies d'origine alimentaire (OMS, 2007).

2-1-2- L'Organisation des nations unies pour l'Alimentation et l'Agriculture (FAO)

L'organisation des nations unies pour l'alimentation et l'agriculture (FAO: Food and Agriculture Organisation) a été créée en octobre 1945 dans le but d'améliorer l'état nutritionnel, le niveau de vie, la productivité agricole et le sort des populations rurales en général.

L'Organisation privilégie la promotion du développement rural et de l'agriculture durable, stratégie l'amélioration à long terme de la production vivrière et de la sécurité alimentaire, permettant de conserver et de gérer les ressources naturelles.

Son objectif est de satisfaire les besoins des générations présentes et futures en suscitant un développement qui ne dégrade pas l'environnement, tout en étant techniquement approprié, économiquement viable et socialement acceptable (FAO, 2008).

2-1-3- Le Codex Alimentarius

La Commission du Codex Alimentarius a été créée en 1963 par la FAO et l'OMS afin d'élaborer des normes alimentaires, des lignes directrices et d'autres textes, tels que ; des codes d'usages dans le cadre du programme mixte FAO/OMS sur les normes alimentaires.

Les buts principaux de ce programme sont la protection de la santé des consommateurs, la promotion de pratiques loyales dans le commerce des aliments et la coordination de tous les travaux de normalisation ayant trait aux aliments, entrepris par des organisations aussi bien gouvernementales que non gouvernementales (CODEX ALIMENTARIUS, 2008).

Les normes du Codex Alimentarius demeurent très utiles surtout aux pays en développement, qui n'ont pas les moyens d'élaborer leur propre référentiel réglementaire et à certains pays exportateurs souhaitant limiter les risques d'entraves aux échanges pour leurs produits (CODEX ALIMENTARIUS, 2008).

2-1-4- L'Office International des Epizooties (OIE)

L'office international des épizooties est un organisme international qui a pour mission principale de recueillir les déclarations de maladies animales et de diffuser cette information à tous les pays membres pour qu'ils puissent se protéger des épizooties.

L'OIE a pour rôle d'informer les états de l'apparition et de l'évolution des maladies animales et des moyens qui permettent de lutter contre ces maladies. Il permet aussi de coordonner les études consacrées à la surveillance et au contrôle de ces mêmes maladies et d'harmoniser les réglementations afin de faciliter le commerce des animaux et des produits d'origine animale (OIE, 2010).

2-2- Les acteurs nationaux de la sécurité sanitaire des aliments.

2-2-1- L'autorité publique

Le Maroc, absorbé par l'effort d'harmonisation des normes nationales, a porté, depuis des années, une attention inégale aux travaux du codex. Il dispose actuellement d'un important arsenal juridique, régissant le secteur des produits agricoles et agro-alimentaires. Cet arsenal ne cesse de s'actualiser, en se basant sur les standards internationaux, notamment les normes du Codex Alimentarius. Ces normes qui constituent une source essentielle de normes techniques utilisées à la fois comme base scientifique pour la préparation de normes nationales et comme référence pour les échanges commerciaux du Maroc avec les pays tiers.

Au niveau national, les missions de contrôle et de promotion de la qualité relèvent principalement des quatre départements ministériels suivants :

- Ministère de la santé publique;
- Ministère de l'agriculture, du développement rural et des pêches maritimes;
- Ministère du commerce, de l'industrie et de l'artisanat;
- Ministère de l'intérieur.

Ce système de contrôle est constitué d'entités investies de missions officielles de contrôle et de promotion de la qualité et d'entités considérées comme des structures d'appui. Ces entités sont, selon leur nature juridique, soit des autorités administratives (directions et services) soit des établissements publics sous tutelle des départements ministériels.

2-2-1-1- Ministère de la santé publique

2-2-1-1-1- Le Centre anti poison et de pharmaco vigilance du Maroc

Le (C.A.P.M) est un service d'utilité publique, mandaté par le Ministère de la Santé pour la gestion des problèmes toxicologiques à l'échelle individuelle et collective et pour la surveillance des effets indésirables des médicaments (CAPM, 2008).

Le CAPM dispose, aussi, de ressources matérielles diversifiées lui permettant de recueillir les informations nécessaires à la réussite de ces différentes missions. L'objectif principal du centre est l'amélioration de la santé de la population marocaine, par la diminution de la morbidité, de la mortalité et des dépenses économiques liées aux intoxications (CAPM, 2008).

2-2-1-1-2- *La Direction de l'épidémiologie et de lutte contre les maladies*

La direction de l'épidémiologie et de lutte contre les maladies est chargée de prévenir toutes formes d'infection, de toxi-infection, d'intoxications et d'épidémies liées aux aliments. Elle intervient à ce titre pour l'inspection des conditions d'hygiène dans les établissements de fabrication, de restauration, de commercialisation et touristique, dans le cadre de la prévention contre les dangers alimentaires (MS, 2008).

2-2-1-2- Ministère de l'Agriculture et des Pêches Maritimes

2-2-1-2-1- *L'Office national de sécurité sanitaire des produits alimentaires (ONSSA)*

L'ONSSA constitue un dispositif institutionnel mis en place pour appuyer les orientations stratégiques tracées par le Plan Maroc Vert qui ambitionne de faire de l'agriculture marocaine un levier de croissance essentiel de l'économie nationale. Il est placé sous la tutelle du ministère de l'Agriculture et de la Pêche Maritime et doté de la personnalité morale et de l'autonomie financière (Dahir n° 1-09-20 du 22 safar 1430 (18 février 2009) portant promulgation de la loi n° 25-08 portant création de l'Office national de sécurité sanitaire des produits alimentaires) (DAHIR n° 1-09-20, 2009).

Cette institution est conçue pour servir d'«interlocuteur officiel unique» pour les professionnels auprès du ministère de l'Agriculture, permettre une application coordonnée des mesures de protection et de prévention, assurer la capacité d'intervention rapide pour la protection du consommateur et répondre aux exigences des marchés locaux et internationaux. Ainsi, l'Office sera chargé d'assurer la protection sanitaire du patrimoine végétal et animal national et contrôler les produits végétaux et animaux, y compris ceux de la pêche, ou d'origine animale et végétale à l'intérieur du pays et aux postes frontières, conformément à la réglementation en vigueur. De même, l'ONSSA assurera la protection sanitaire des animaux et contrôlera leur mouvement et leur identification. Aussi, les services de cet organisme seront chargés d'appliquer la réglementation en vigueur en matière de police sanitaire vétérinaire et phytosanitaire à l'intérieur du pays et aux postes frontières. L'ONSSA procédera également à l'analyse des risques sanitaires que peuvent engendrer les aliments destinés à l'homme ou aux animaux sur la santé des consommateurs (MAPM, 2009).

Par ailleurs, l'Office délivrera, conformément à la réglementation en vigueur, l'autorisation et l'agrément de tous les établissements où les aliments sont produits, fabriqués, traités, manipulés, transportés, entreposés, conservés ou mis en vente et procédera à leur enregistrement.

Pour accomplir sa mission l'ONSSA est organisé en structures centrales, régionales et locales et dispose d'un réseau de 17 laboratoires d'analyse répartis sur l'ensemble du territoire national ainsi que des services d'inspections au niveau des principaux postes frontaliers (MAPM, 2009).

L'ONSSA a été crée pour des objectifs spécifiques

▪ Eliminer les problèmes de chevauchement des responsabilités administratives et de double emploi et édifier un seul interlocuteur à l'égard des opérateurs économiques des structures concernées du département de l'agriculture;

▪ Assurer l'unité de l'action administrative du département de l'agriculture par une application uniforme et coordonnée de la réglementation et des méthodes d'inspection fondées sur la gestion des risques;

▪ Gérer de façon rationnelle les ressources dont dispose le département de l'agriculture;

▪ Contribuer de manière plus efficace à l'amélioration de la compétitivité des opérateurs économiques et à la promotion des produits nationaux destinés aussi bien au marché intérieur qu'à l'exportation;

▪ Assurer une meilleure gestion des risques liés aux aliments et aux maladies émergentes et les éléments utiles à la prise de décision (MAPM, 2009).

2-2-1-2-2- L'Office national interprofessionnel des céréales et légumineuses (ONICL)

Cette structure est investie entre autres d'une mission de suivi de l'état d'approvisionnement du marché en céréales, légumineuses et leurs dérivés et de son organisation. En matière de contrôle, l'action de cet organisme concerne le contrôle des produits de la minoterie industrielle, à la fois au niveau de la transformation et de la commercialisation (MAPM, 2009).

2-2-1-2-3- L'Etablissement autonome de contrôle et de coordination des exportations (EACCE)

Les missions de cet établissement concernent le contrôle des produits agro-alimentaires d'origine animale ou végétale destinés à l'exportation, depuis l'agréage des installations conditionnant ou fabricant des produits jusqu'au contrôle technique à l'exportation du produit fini, en passant par son conditionnement ou sa transformation (MAPM, 2009).

2-2-1-3- Ministère de l'Intérieur

2-2-1-3-1- La Direction de coordination des affaires économiques

La mission de cette structure, exercée par le biais des Mohtassibs et du corps des contrôleurs des prix, opérant au niveau des Divisions Economiques et Sociales (DES) des provinces et préfectures du royaume, porte sur les aspects qualitatifs et les prix des produits alimentaire, agricole, industriel et artisanal (MI, 2008).

2-2-1-3-2- La Direction générale des collectivités locales

La mission de cette structure, exercée par les Bureaux Municipaux d'Hygiène (BMH), porte sur le contrôle de la salubrité des denrées alimentaires, la surveillance sanitaire des établissements alimentaires de la conception à l'exploitation, ainsi que le contrôle médical du personnel employé dans ces établissements (MI, 2008).

2-2-1-4- Ministère de l'Industrie, du Commerce et des nouvelles technologies:

Antérieurement, Le Service de normalisation industrielle marocaine (SNIMA) : la mission de ce service revêtait plutôt un aspect promotionnel et consistait en l'élaboration des normes marocaines, la gestion et la coordination des travaux de normalisation, de certification et de labellisation à l'échelon national (DCI, 2007).

Le contrôle de la qualité des produits industriels, dont les normes sont d'application obligatoire, s'inscrit dans le cadre légal du dahir n° 1.70.157 du 26 Joumada I 1390 (30 Juillet 1970) relatif à la normalisation industrielle en vue de la recherche de la qualité et de l'amélioration de la productivité, tel qu'il a été modifié par le dahir portant loi n° 1.93.221 du 22 Rabia I 1414 (10 Septembre 1993) et de la loi sur la répression des fraudes. Il s'opère à deux niveaux, contrôle à l'importation et contrôle local.

Le contrôle de la qualité avait pour objectif d'assurer la protection du consommateur face aux risques que peuvent engendrer certains produits industriels, autres qu'agroalimentaires et pharmaceutiques. A cet effet, les normes concernant les produits qui peuvent toucher à la santé et la sécurité des consommateurs, sont rendues d'application obligatoire et le contrôle de conformité des produits par rapport aux exigences de ces normes est institué (DCI, 2007).

L'Institut Marocain de Normalisation (IMANOR)

L'Institut Marocain de Normalisation (IMANOR) est l'organisme officiel Marocain chargé de la normalisation, créé par le législateur marocain en 2010, en remplaçant le SNIMA qui était une entité rattachée au Ministère chargé de l'Industrie (ISO, 2015).

A travers son nouveau statut d'organisme ayant l'autonomie administrative et financière, l'IMANOR vise d'une part à contribuer à l'accroissement de la compétitivité des entreprises marocaines et d'autre part, à apporter son soutien aux politiques publiques établissant les conditions de concurrence économique, la protection des consommateurs, la préservation de l'environnement et l'amélioration des conditions de vie (ISO, 2015)

Afin de réaliser ses objectifs, l'IMANOR a pour missions :

✓ La production des normes marocaines ;

✓ La certification de conformité aux normes et aux référentiels normatifs ;

✓ L'édition et la diffusion des normes et des produits associés et des informations s'y rapportant ;

✓ La formation sur les normes et les techniques de leur mise en oeuvre.

✓ La représentation du Maroc auprès des organisations internationales et régionales de normalisation (ISO, 2015).

2-2-2- Les consommateurs: les associations des citoyens

Le consommateur est aussi un acteur, à part entière de sa propre sécurité alimentaire et a donc une part de responsabilité. Il doit savoir conserver et manipuler les produits. Il joue également un rôle important au niveau de la sécurité alimentaire tout au long de la chaîne, en exerçant des pressions pour exiger une garantie de la qualité et de la salubrité des aliments. Une communication du risque limitée, révèle un décalage important entre son évaluation par les experts et sa perception par les consommateurs.

2-2-3- Les producteurs

Si l'organisation de la sécurité des aliments s'observe dans sa globalité, la partie importante de la gestion de risque est sous la responsabilité des producteurs, transporteurs, distributeurs... Ils sont également affectés par le problème (perte d'image, perte de clients,...) en cas de crise alimentaire.

Les services agro-alimentaires, tous confondus le long de la chaîne alimentaire, participent directement aux problématiques de la sécurité des aliments; par l'adoption d'une bonne pratique de l'hygiène alimentaire et des systèmes d'auto contrôles bien adaptés.

2-2-4- la nouvelle loi n° 31-08 sur la protection du consommateur

La loi n° 31-08 édictant des mesures de protection des consommateurs, de 206 articles, constitue une base juridique permettant au consommateur de jouir de tous ses droits dont la reconnaissance de son rôle en tant qu'acteur économique, à travers la mise en place de mécanismes instaurant l'obligation de l'informer au préalable et de le protéger contre toutes les pratiques commerciales abusives. Il vise également la mise en place de garanties juridiques et contractuelles pour le consommateur dont le service après vente, ainsi que la détermination des conditions et mesures relatives à la réparation du préjudice subi.

Il est à noter que cette loi remplace les quelques 300 textes qui régissent la consommation au Maroc. Ce qui garantirait davantage les droits des consommateurs. Surtout que plusieurs cas avaient démontré l'inefficacité des anciens textes.

La loi 31-08 est le fruit des efforts des intervenants des départements ministériels, des associations de protection du consommateur, des organisations syndicales, des associations professionnelles, des chambres de commerce, d'industrie et des services, des parlementaires et des universitaires, qui ont contribué ensemble à l'enrichir avec leur propositions et suggestions (COLLECTION « TEXTES JURIDIQUE », 2011).

2-3- L'assurance de la qualité du produit alimentaire

L'activité de normalisation revêt, de plus en plus, une importance en raison du rôle fondamental que jouent les normes, aussi bien comme outil de régulation des relations interindustrielles et commerciales que comme référence dans la réglementation publique. Aussi, comme fondement des procédures d'attestation de conformité destinées à permettre l'accès des produits au marché dans les meilleurs conditions possibles, à la fois pour le producteur que pour le consommateur. La normalisation suppose la confrontation des points de vue de tous les agents économiques concernés et l'appréciation des pratiques et des contraintes tant nationales qu'internationales.

L'assurance qualité est l'ensemble des activités préétablies et systématiques mises en œuvre dans le cadre d'un système qualité. Elle est démontrée en tant que besoin pour donner la confiance appropriée à ce qu'une entité satisfera aux exigences de la qualité. Ce qui donne "ensemble des dispositions prédéfinies et systématiquement appliquées dans le but de donner confiance aux clients que ses exigences seront respectées". L'assurance qualité correspond à une obligation de moyens (RABILLIER.PH *et al.*, 1998).

Si la première condition pour mettre, efficacement, en place un système qualité est bien l'engagement des responsables, celui-ci est d'autant plus fort qu'il est librement déterminé et assumé et non subi (RABILLIER.PH *et al.*, 1998) dans la mesure où la réflexion sur les aspects essentiels du métier est conduite avec et par les acteurs de ce métier eux-mêmes. Elle implique immédiatement le personnel qui se reconnaît dans la description et la réflexion sur les tâches qu'il effectue quotidiennement.

La qualité totale n'implique pas nécessairement une démarche d'assurance qualité, mais cette dernière a beaucoup plus de chance d'être pérennisée et efficace dans un cadre de la qualité totale. Il existe de nombreux référentiels de la qualité totale: citons le Malcolm Baldrige Award (MASAAKI.I *et al.*, 1992) aux Etats-Unis, le prix Deming au Japon, le Prix Canada pour l'Excellence, le modèle EFQM en Europe ou le Prix Français de la Qualité.

Actuellement, chaque pays dispose d'une structure qui gère les normes nationales ; à titre d'exemple, en Angleterre c'est la BSI (British Standards Institution); en France c'est AFNOR (Agence française de normalisation); au Maroc c'est le Service de Normalisation Industrielle Marocaine SNIMA, qui assure la gestion des comités techniques, tous secteurs confondus.

Parmi ces systèmes d'assurance qualité les plus utilisés en industrie agroalimentaire, il y a l'HACCP (*Hazard Analysis and Critical Control Point system. Système qui définit, évalue et maîtrise les dangers qui menacent la « salubrité » des aliments*) selon le CODEX ALIMENTARIUS- version 4 (2003) (TIXIER.G, 2008).

HACCP (*analyse des dangers - points critiques pour leur maîtrise) : Démarche qui identifie, évalue et maîtrise les dangers significatifs au regard de la sécurité des aliments*) selon NF V01-002:2008 (GUEGUEN.H, 2009).

2-3-1- Présentation de la démarche HACCP

La réglementation sanitaire internationale, fixant les modalités d'inspection et de contrôle des produits alimentaires dans les principaux marchés internationaux, consacre le principe de la responsabilisation des producteurs. Ces derniers doivent mettre en place un programme d'autocontrôle basé sur le concept HACCP, entant qu'une approche structurée permettant de construire l'assurance de la sécurité des aliments. Le HACCP est, de plus, un outil compatible et complémentaire avec les normes ISO 9000. Il a été créé pour éviter et prévenir les risques. En fait, c'est un système de maîtrise qui vise à garantir la sécurité des aliments et par conséquent celle du consommateur (FAO, 1995). Il implique un engagement total de la direction et des employés. De même, il exige une approche multidisciplinaire qui devrait inclure, selon les cas, des compétences en agronomie, médecine vétérinaire, microbiologie, santé publique, technologie alimentaire, chimie, ingénierie, etc.

HACCP est une méthode, une réflexion, ou bien une démarche systématique et préventive pour assurer la qualité et la sécurité des produits alimentaires. Ce système est un outil de l'assurance qualité applicable à tous les risques associés aux denrées alimentaires. C'est une démarche systématique et rationnelle de la maîtrise des dangers (GUEGUEN.H, 2009) :

- Microbiologiques : Dangers liés aux microorganismes.
- Chimiques : pesticides, antibiotiques, résidus d'huile ou de produits d'entretien,…
- Physiques : morceau de bois, métal, radiation, verre, cheveux, etc.

L'application du système HACCP permet une meilleure utilisation des ressources, des économies pour l'industrie alimentaire et une réaction rapide aux problèmes de la sécurité sanitaire des aliments.

Il améliore le degré de responsabilité et de contrôle de l'industrie alimentaire. Correctement mis en œuvre, il permet une plus grande participation des employés à la compréhension et à la garantie de la sécurité sanitaire des aliments, en leur donnant une source de motivation supplémentaire dans leur travail. Cela ne signifie pas que la société doit abandonner les procédures d'assurance de la qualité ou des bonnes pratiques de fabrication déjà établies; mais elle doit réviser ces procédures pour qu'elles fassent partie de l'approche systématique et qu'elles s'intègrent dans le plan HACCP (FAO, 1995).

Toutefois, tout système HACCP doit pouvoir s'accommoder à toute évolution, comme les progrès en conception des équipements, les développements dans les technologies de transformation des aliments, etc. De plus, l'application du système HACCP est compatible avec la mise en œuvre des systèmes de gestion de la qualité totale (TQM) tels que les séries ISO 9000. Cependant, parmi tous ces systèmes, c'est le HACCP qui donnerait les meilleurs résultats dans la gestion de la sécurité sanitaire des aliments et devraient être choisis le plus possible dans ce domaine (FAO, 1995).

Système HACCP : Un système permettant d'établir une politique et des objectifs relatifs à la sécurité et d'atteindre ces objectifs (TIXIER.G, 2008).

Plan HACCP : Un document préparé en conformité avec les principes HACCP en vue de maîtriser les dangers significatifs au regard de la sécurité des aliments dans le segment de la filière alimentaire considérée (TIXIER.G, 2008).

Méthode HACCP : Une méthode de raisonnement qui permet d'identifier, d'évaluer et de maîtriser les dangers significatifs au regard de la sécurité des aliments (TIXIER.G, 2008).

2-3-2- Historique du HACCP

La démarche HACCP de gestion des problèmes de la sécurité sanitaire des aliments est né à partir de deux grandes idées. La première étape est associée à W.E. Deming, dont les théories sur la gestion de la qualité sont largement reconnues pour leur contribution majeure à l'amélioration de la qualité des produits japonais pendant les années 50. Le Dr Deming et d'autres chercheurs ont développé des systèmes de gestion de la qualité totale (Total Quality Management TQM) qui mettent en application une approche permettant d'améliorer la qualité pendant la production tout en abaissant les coûts (FAO, 1995).

La deuxième étape est le développement du concept HACCP. Celui-ci a été mis au point pendant les années 60 par les pionniers que sont la Société Pillsbury, l'armée des États Unis d'Amérique et son administration de l'aéronautique et de l'espace (NASA), dans le cadre d'un effort de collaboration pour la production d'aliments sains pour les astronautes. La NASA voulait un programme de type «Zéro défaut» afin de garantir la sécurité sanitaire des aliments que les astronautes devaient consommer dans l'espace. À cet effet, la Société Pillsbury a développé le système HACCP comme système offrant la plus grande sécurité possible, tout en réduisant la dépendance vis-à-vis de l'inspection et du contrôle des produits finis (FAO, 1995) (DGAL, 1995).

Le système HACCP a mis l'accent sur le contrôle du procédé lors des étapes de la production les plus précoces possibles, en utilisant le contrôle des opérateurs et/ou des techniques d'évaluation continue aux points critiques pour la maîtrise. Pillsbury a présenté le concept HACCP publiquement lors d'une conférence sur la sécurité sanitaire des aliments en 1971. L'utilisation des principes du HACCP pour l'élaboration de la réglementation sanitaire des produits faiblement acides, fut achevée en 1974 par la Food and Drug Administration des USA (USFDA). À partir des années 80, plusieurs autres sociétés agro-alimentaires ont suivi et adopté cette approche (FAO, 1995).

En 1985, L'Académie nationale des sciences des États-Unis a établi que l'approche HACCP constituait la base de l'assurance de la sécurité sanitaire des aliments dans l'industrie alimentaire. Récemment, plusieurs associations professionnelles, telle que la commission internationale des spécifications microbiologiques pour les aliments (ICMSF) et l'Association des hygiénistes du lait, des aliments et de l'environnement (IAMFES), ont recommandé la généralisation du système HACCP pour assurer la sécurité sanitaire des aliments (FAO, 1995).

Sur le plan réglementaire européen, le concept HACCP est incorporé dans de nombreuses directives de l'union européenne: la directive 93/43/CEE du conseil relative à l'hygiène des denrées alimentaires (DIRECTIVE 93/43/CEE, 1993), la directive 91/493/CEE fixant les règles sanitaires régissant la production et la mise sur le marché des produits de la pêche (DIRECTIVE 91/493/CEE, 1991) , la directive 92/5/CEE relative à des problèmes sanitaires en matière d'échanges intracommunautaires de produits à base de viande (DIRECTIVE 92/5/CEE, 1992), la directive 92/46/CEE arrêtant les règles sanitaires pour la production et la mise sur la marché de lait cru, de lait traité thermiquement et de produits à base de lait (DIRECTIVE 92/46/CEE, 1992). Egalement, le règlement 852/2004 relatif à l'hygiène des denrées alimentaires (applicable au 1er janvier 2006) demande à ce que les entreprises du secteur alimentaire mettent en application les principes du HACCP. Il demande que le personnel reçoive une formation adéquate en la matière (GUEGUEN.H, 2009).

2-3-3- La démarche HACCP au Maroc

Sur le plan réglementaire marocain:

Vu la loi n 13-83 relative à la répression des fraudes sur les marchandises, promulguée par le dahir n 1-83-108 du 9 moharrem 1405 (5 octobre 1984), notamment son article 16 (LOI N 13-83, 1984);

Vu le dahir portant loi n 1-75-291 du 24 chaoual 1397 (8 octobre 1977) édictant des mesures relatives à l'inspection sanitaire et qualitative des animaux vivants, des denrées animales ou d'origine animale (LE DAHIR PORTANT LOI N 1-75-291, 1977);

Vu le dahir n 1-70-157 du 26 joumada I 1390 (30 juillet 1970) relatif à la normalisation industrielle en vue de la recherche de la qualité et de l'amélioration de la productivité (LE DAHIR N 1-70-157, 1970);

Le ministre chargé de l'industrie ...... informe les producteurs et utilisateurs des biens et services ainsi que toutes les parties concernées que *la Circulaire relative à la certification nm HACCP* fixe les modalités pratiques d'attribution du certificat de conformité HACCP à la norme NM 08.0.002 « système de management HACCP-Exigences » .....

Cette certification s'applique à une entité (entreprise ou établissement) productrice d'une catégorie de produits ou de services, pour une activité réalisée dans le domaine agroalimentaire sur un ou plusieurs sites, dans le cadre d'un même système HACCP... (SNIMA, 2010).

Exemple d'application:

Article 6 :...les responsables des établissements laitiers doivent mettre en place un programme d'autocontrôle, conformément à la norme marocaine NM .08.0.002 relative aux lignes directrices pour l'application du système HACCP....

La certification NM HACCP a pour objectif de valider la mise en place du système de sécurité alimentaire conformément aux exigences de la norme NM 08.0.002 : " système de management HACCP – Exigences". La certification NM HACCP est l'attestation de la conformité d'un système HACCP à la norme marocaine NM 08.0.002 (SNIMA, 2010).

Qu'est ce que la marque NM HACCP ?

La marque NM HACCP est une marque nationale volontaire de certification délivrée par le Ministère Chargé de l'Industrie (MCI). Cette marque atteste que le système a été évalué et certifié conforme aux référentiels suivants :

- La réglementation en vigueur,

- La norme d'hygiène NM 08.0.000 : " Principes Généraux : Hygiène Alimentaire " en tant que préalable à la mise en place du système HACCP, La norme HACCP : NM 08.0.002 : " système de management HACCP- exigences ",

- La circulaire relative à la certification NM HACCP.

- La certification NM HACCP s'adresse aux entreprises du secteur agroalimentaire ou ayant des clients ou des fournisseurs de ce secteur (SNIMA, 2010).

2-3-4- Les principes HACCP

L'industrie agroalimentaire et les services officiels de contrôle des aliments à travers le monde sont concernés par la mise en œuvre du système HACCP. Une bonne compréhension de sa terminologie et des approches pour son application faciliteront son adoption et conduiront à une approche harmonisée de la sécurité sanitaire des aliments à l'échelle mondiale. Plusieurs pays ont intégré ou sont en cours d'intégration du système HACCP dans leurs mécanismes réglementaires (FAO, 1995). De même, son application peut devenir obligatoire dans plusieurs pays. Par conséquent, il y a une grande demande, notamment dans les pays en développement, pour la formation au HACCP et pour le développement et la compilation d'outils de référence afin de soutenir cette formation (BIRCA.A, 2009).

Pour que le système HACCP puisse être efficacement mis en œuvre, il est essentiel de former aux principes et aux applications d'un tel système le personnel des entreprises, des services publics et des universités, ainsi que de sensibiliser davantage les consommateurs à cet égard. Afin de contribuer à la mise au point d'une formation spécifique à l'appui du système HACCP, il faudrait formuler des instructions et des procédures de travail définissant avec précision les différentes tâches des opérateurs, qui se trouvent à chacun des points critiques pour la maîtrise (FAO, 1997).

L'HACCP repose sur 7 principes, détaillés dans le code d'usages international recommandé - Principes généraux d'hygiène alimentaire- (CAC/RCP 1-1969, Rév.4-2003) du Codex Alimentarius (TIXIER.G, 2008) (GUEGUEN.H, 2009).

Principe 1 : Procéder à une analyse des risques en identifiant et en évaluant le ou les dangers éventuels associés à la production alimentaire, à tous ses stades, depuis la culture ou l'élevage jusqu'à la consommation finale, en passant par le traitement, la transformation et la distribution. Évaluer la probabilité d'apparition du ou des dangers et identifier les mesures nécessaires à leur maîtrise ;

Principe 2 : Déterminer les points critiques pour la maîtrise des dangers ;

Principe 3 : Établir la (les) limite(s) critique(s) à respecter pour s'assurer que le CCP (Critical Control Point) est maîtrisé ;

Principe 4 : Établir un système de surveillance permettant de s'assurer de la maîtrise du CCP grâce à des tests ou à des observations programmées ;

Principe 5 : Établir les actions correctives à mettre en œuvre lorsque la surveillance révèle qu'un CCP donné n'est pas maîtrisé ;

Principe 6 : Établir des procédures pour la vérification, incluant des tests et des procédures complémentaires, afin de confirmer que le système HACCP fonctionne efficacement ;

Principe 7 : Établir un système documentaire concernant toutes les procédures et les enregistrements appropriés à ces principes et à leur application.

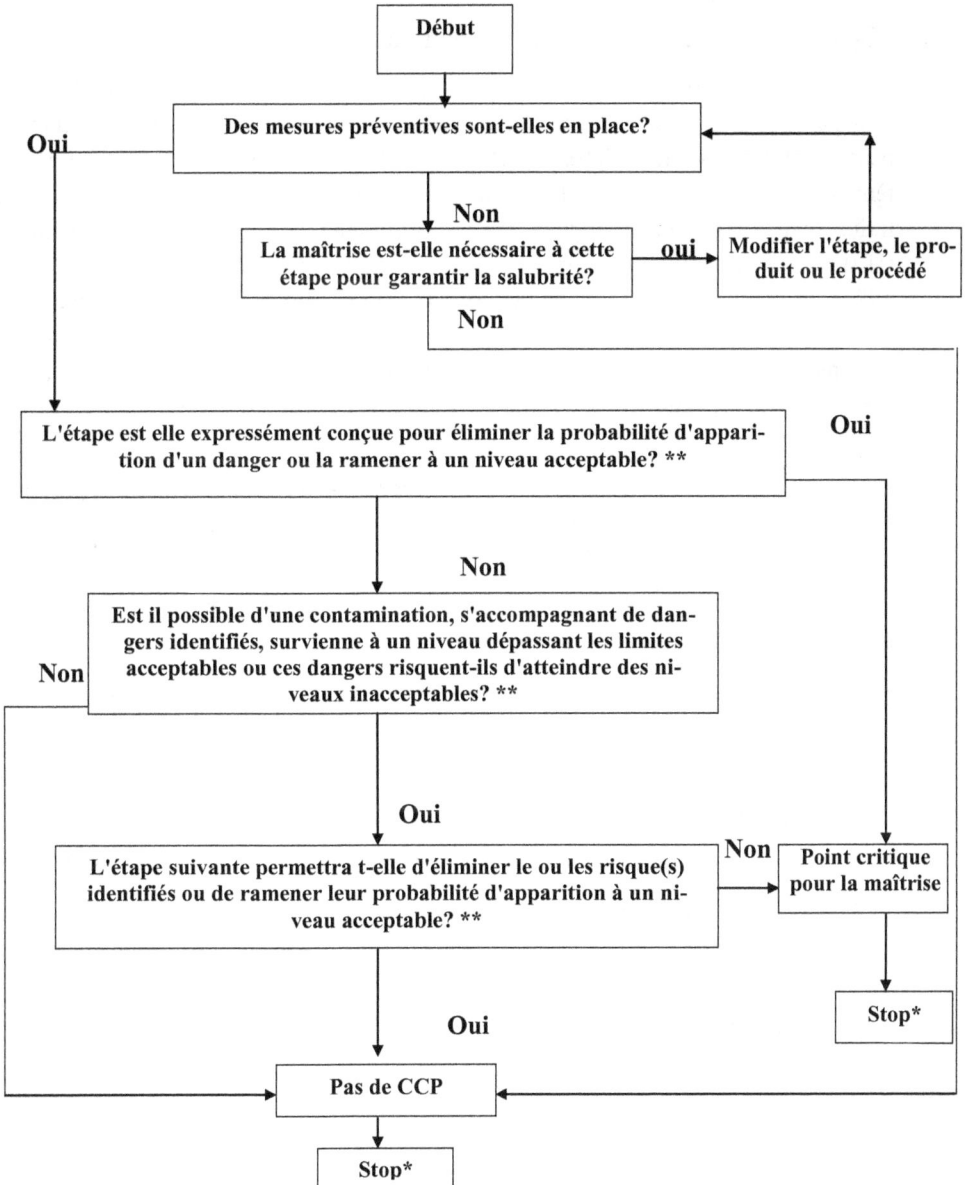

Figure 1: Arbre de décision

Début

Des mesures préventives sont-elles en place?

Oui

Non

La maîtrise est-elle nécessaire à cette étape pour garantir la salubrité?

oui

Modifier l'étape, le produit ou le procédé

Non

L'étape est elle expressément conçue pour éliminer la probabilité d'apparition d'un danger ou la ramener à un niveau acceptable? **

Oui

Non

Est il possible d'une contamination, s'accompagnant de dangers identifiés, survienne à un niveau dépassant les limites acceptables ou ces dangers risquent-ils d'atteindre des niveaux inacceptables? **

Non

Oui

L'étape suivante permettra t-elle d'éliminer le ou les risque(s) identifiés ou de ramener leur probabilité d'apparition à un niveau acceptable? **

Non

Point critique pour la maîtrise

Oui

Pas de CCP

Stop*

Stop*

**Il est nécessaire de définir les niveaux acceptables et inacceptables en tenant compte des objectifs généraux lors de la détermination des CP dans le plan HACCP.

*passer au prochain danger identifié dans le processus décrit

Figure 1: Arbre de décision

2-3-5- Les interprétations de la démarche HACCP

La méthode HACCP est décrite en littérature par de multiples auteurs. Nous citons par exemple : JOUVE J.L. dans « La qualité microbiologiques des aliments-maitrise et critères » (JOUVE.J.L, 1993) , VERGONJEANNE F.J.C. dans « Le système HACCP-méthodologie » (VERGONJEANNE.F.J.C, 1993), Le Codex Alimentarius dans « Système d'analyse des risques-points critiques pour leur maitrise (HACCP) et directives concernant son application » (CODEX ALIMENTARIUS, 1997), l'Association Françaises de Normalisation (AFNOR) dans un fascicule de documentation NF V 01-006 « Hygiène des aliments- système HACCP: principes et notions de base » (AFNOR, 2002), ARILAIT dans « le HACCP et l'industrie laitière. La méthode: guide d'application» (ARILAIT, 1996) et autres.

D'après les descriptions faites dans ces documents, la mise en application du HACCP repose sur les 7 principes décrits précédemment. Sa mise en œuvre pratique se déroule en plusieurs étapes dont le nombre varie selon l'auteur entre 12, 13, 14. (ABOUDIA-EL MENDILI.A, 2004).

Néanmoins l'interprétation des phases de HACCP par les différents auteurs présente des différences à certains niveaux notamment :

- au niveau du nombre d'étapes d'application du HACCP et au niveau de leur ordre d'application ;
- au niveau de la nature des dangers à retenir ;
- au niveau des définitions données au concept « CCP » ;
- au niveau des arbres de décision utilisés pour la détermination des CCP ;
- au niveau des moyens utilisés pour la détermination des CCP : arbre de décision, cotation,…
- au niveau des points d'application du système de surveillance : CCP uniquement ou tous les dangers (ABOUDIA-EL MENDILI.A, 2004).

Le fait qu'il existe des interprétations différentes de la méthode, les documents produits reposent souvent sur des conceptions divergentes du système HACCP. De plus, certaines interprétations sont non conformes au Codex Alimentarius, la référence internationale (TIXIER.G, 2008). Cette différence n'est pas négative en soi car elle doit être adaptée en fonction de la nature des ateliers concernés. En fait le problème qui peut être souligné est qu'il n'existe pas un modèle type officiel d'application de la méthode HACCP.

Les effets de la différence entre ces interprétations, notamment dans le cadre d'application de la méthode, ont été distingués par leur application à un même procédé. La comparaison de ces modes a montré que (ABOUDIA-EL MENDILI.A, 2004):

- le choix d'un arbre plutôt qu'un autre peut influencer le nombre de CCP identifiés ;
- l'arbre de décision, en général, a un effet de multiplier le nombre de CCP ;
- le classement des dangers selon des catégories de risque présente des difficultés d'application, des difficultés d'interprétation et se limite aux dangers sanitaires ;
- l'utilisation de l'évaluation du risque, notamment le calcul de l'indice de criticité, permet de réduire le nombre de CCP.

Alors, les sept principes de HACCP sont invariables, cependant la manière d'appliquer ces principes est variable en fonction de la nature, de la taille, du niveau de développement et des particularités de l'entreprise (personnel, équipements…). Il faut donc faire preuve de flexibilité et de souplesse quand on applique ces principes. De plus, ces sept principes ne peuvent pas être appliqués dans n'importe quel ordre, il est absolument essentiel de garder la séquence de ces principes et il est déconseillé de sauter une étape (BENOIT HORION.IR, 2005).

2-3-6- Les difficultés d'application de la démarche HACCP

Il est à noter que les petites et les moyennes entreprises à travers le monde rencontrent des difficultés en matière de sensibilisation sur le système HACCP (ROBERTS.K.R et SNEED.J, 2003) (TAYLOR.E, 2001). Ainsi, le développement du système HACCP est influencé par un ensemble de facteurs complexes (TAYLOR.E et KANE.K, 2005). Environ 8% des gérants, des restaurants indépendants dans *l'Iowa (États-Unis),* ont indiqué qu'ils avaient un plan global HACCP en place. La majorité des programmes préalables n'ont pas été appliquées. Les gestionnaires de sexe féminin étaient plus susceptibles de mettre en œuvre des pratiques de sécurité alimentaire que leurs homologues masculins. De plus, il y avait une relation positive entre l'éducation des gestionnaires et le nombre de pratiques de sécurité alimentaire mis en œuvre (ROBERTS.K.R et SNEED.J, 2003).

Des acteurs rencontrés dans une étude réalisée dans le cadre du projet DAR (Développement Agricole et Rural) (*faisabilité et pertinence d'un diagnostic de dangers sanitaires et de procédures de maitrise basés sur les principes HACCP en exploitation agricole*) en *France*, sont tous convaincu aujourd'hui de l'intérêt de rendre aux éleveurs les clés de la maitrise de la qualité de leur lait, c'est dans cet objectif que certains fondamentaux du HACCP sont intéressant. Ils s'accordent tous sur le fait de la généralisation de l'application du HACCP par voie réglementaire (obligation) n'est pas réaliste et serait contre productif. Or cette démarche ne peut être appliquée positivement que si l'éleveur y adhère pleinement. De plus, sa généralisation néces-site un investissement très important en accompagnement technique (PARGUEL.P, GAUTIER.J.M, 2009).

Les industries alimentaires, même les grandes en *Philippine* continuent de se heurter des difficultés de la mise en œuvre des systèmes de la sécurité alimentaire fondés sur le HACCP. Des études antérieures ont montré que le manque de la cons-cience et de la familiarisation avec la méthode d'application des principes HACCP a empêché l'industrie alimentaire à mettre en œuvre des programmes HACCP con-crètes (GILLING.S.J *et al.*, 2001) (TAYLOR.E, 2001). Les efforts menés par le gouvernement philippin et par les secteurs universitaires pour diffuser les principes HACCP ont montré qu'il y a effectivement un problème de la compréhension de la méthode et des procédures d'application des principes HACCP (AZANZA.M.P.V et ZAMORA-LUNA.M.B, 2005). Les intervenants en industrie dans le pays, qui ont été censé utiliser les méthodes d'application du système HACCP, ont signalés non seulement les difficultés de saisir le concept mais aussi de l'apprendre dans une se-conde langue étrangère. L'approche HACCP, en tant que concept technique, ne peut être facilement appréciée par les débutants avant une connaissance approfondie et la compréhension du concept. Alors la traduction des documents HACCP à une langue locale a été considéré nécessaire pour faciliter la compréhension de la méthode d'application des principes HACCP. En effet, l'Université des Philippines, Diliman, a déjà financé une recherche pour traduire le système HACCP (selon le Codex Ali-mentarius) à la langue véhiculaire des Philippines. Après l'instruction des directives HACCP à la langue véhiculaire, des scores plus élevés ont été (post-test) obtenus par les participants dans toutes les sections de l'examen en matière de compréhen-sion de la terminologie et des principes d'application du HACCP (AZANZA.V.M.P *et al.*, 2007).

Une autre étude menée en *Italie* sur l'application de la démarche HACCP, en 2006, a montré qu'un respect exact de PPR et HACCP est loin d'être complet, en particulier dans les PME, en dépit des dérogations pour les petits établissements prévues par les règles italiennes et européennes. Afin d'aider les PME à accéder aux objectifs de la sécurité alimentaire, la collaboration avec des unités sanitaires locales s'avère toujours positif pour les entreprises, car ces unités sanitaires peuvent infor-mer et encourager les entreprises et les établissements alimentaires, en particulier les petites, à atteindre un niveau de sécurité sanitaire acceptable (CONTER.M *et al.*, 2007).

Egalement, le but d'une enquête sur HACCP, menée en **Turquie**, était de déterminer les obstacles à des programmes de la sécurité alimentaire, notamment HACCP, dans les entreprises du secteur alimentaire en Turquie. Un manque de compréhension du système HACCP a été identifié comme l'un des principaux obstacles à sa mise en œuvre. 63,5% ont déclaré qu'ils ne savaient pas vraiment ce que signifie HACCP, tandis que 23,5% ont déclaré que cette démarche était trop compliquée. Seuls 33,0% des gestionnaires avait un système de gestion de la sécurité alimentaire. Environ 31% des salariés dans les entreprises alimentaires ont reçu une formation de base d'hygiène alimentaire et la majorité des gestionnaires (91,3%) ont amélioré la confiance des clients par la mise en œuvre d'un système de la sécurité alimentaire. De même, le manque de programmes préalables (92,2%) a été le principal obstacle identifié pour toutes les entreprises du secteur alimentaire (BAS.M *et al.*, 2007).

Bien que le manque de connaissances sur le HACCP (83,5%), manque de temps (88,7%), la rotation du personnel (80,9%), l'absence de la motivation de l'employé (83,5%), la terminologie compliquée (87,0%) et le manque de formation du personnel (91,3%) ont été les autres obstacles les plus courants dans les entreprises alimentaires en **Turquie** (BAS.M *et al.*, 2007).

En Espagne, le développement et la mise en œuvre du HACCP sont difficiles et lents. Une enquête menée dans une zone à **Madrid,** afin d'identifier les obstacles qui entravent la mise en œuvre du système HACCP dans les entreprises alimentaires, a suggéré que le manque de la compréhension des lignes directrices du HACCP peut conduire à une analyse inadéquate des risques. Il ya aussi des problèmes au niveau de changement du comportement des employés qui font aussi un obstacle important. Il est suggéré, alors, que les organismes de régulation devraient s'efforcer de publier, d'une façon claire et détaillée, le guide HACCP en espagnol (RAMÍREZ VELA.A et MARTÍN FERNANDEZ.J, 2003).

De même, des audits conduits dans la région de **Valence (Espagne),** réalisées de 2007 à 2010, pour identifier les faiblesses les plus importantes dans la mise en œuvre du système HACCP, ont montré que les principales lacunes dans la mise en œuvre des pré-requis et HACCP ont été trouvés dans des conditions structurelles et par la conception des mesures d'hygiène et de nettoyage (DOMENECH.E *et al.*, 2011).

Pareillement, dans une autre étude menée sur les opérations de restauration dans 23 hôpitaux à *Taiwan*- cette étude s'est penchée sur les facteurs potentiels qui peuvent influencer la mise en œuvre du système HACCP- a montré que les différences du genre, d'âge et de la position de travail (les conditions ergonomiques) sont des facteurs qui peuvent influer sur la mise en œuvre du système HACCP dans les hôpitaux taïwanais. De même, la plupart du personnel de la restauration dans les hôpitaux observés a indiqué que le système HACCP a été très bénéfique pour la restauration hospitalière (KUEI-MEI.S et WEI-KANG.W, 2011).

En *Slovénie*, un recueil sur les facteurs qui ont un impact sur la sécurité alimentaire dans trois groupes de manutentionnaires de denrées alimentaires, a montré que l'importance de la formation à la sécurité alimentaire est peu discutée. En outre l'importance de la gestion des ressources humaines ainsi que la satisfaction au travail des employés, qui est le plus souvent négligé dans les unités de la chaîne d'approvisionnement alimentaire, est **exposée**. Quelques lacunes de connaissances sur les dangers microbiologiques ont été trouvées, en particulier pour ceux qui travaillent dans la restauration et de vente au détail (JEVSNIK.M *et al.*, 2008).

Il faut reconnaître que les systèmes HACCP n'ont pas été mis en œuvre de manière homogène dans tous les secteurs de l'industrie alimentaire. Ceci, par la présence d'obstacles techniques qui pourraient entraver l'application du système. Aussi, les attitudes et les perceptions influent négativement sur la compréhension du concept HACCP et donc la mise en œuvre correcte et efficace de ses principes (JAVIER PANISELLO.P et CHARLES QUANTICK.P, 2001).

En conclusion, le manque de connaissances sur le HACCP et d'autres programmes de sécurité alimentaire ont été identifiés comme les principaux obstacles à la sécurité alimentaire dans les entreprises du secteur alimentaire. De même, autres facteurs peuvent influer, dans certains cas, sur la mise en œuvre de ce système, en particulier dans les PME, nous pouvons citer les suivants :

- un manque de programmes préalables, si le HACCP est instauré isolément. Par contre, cet obstacle est rectifié dans la norme ISO 22000 ;
- un problème de la compréhension de la méthode et des procédures d'application des principes HACCP ;
- des difficultés de saisir le concept mais aussi de l'apprendre dans une seconde langue étrangère ;
- des obstacles techniques et structurels ;
- la complexité de la méthode ;

- le manque de temps, la rotation du personnel, l'absence de la motivation des employés, une terminologie compliquée ;

- le manque ou l'insuffisance des sessions de formation du personnel ;

- le changement du comportement des employés (fatigue, surcharge mentale,…) ;

- les différences du genre, d'âge et de la position de travail (les conditions ergonomiques)…peuvent influencer sur la bonne application de la méthode.

Jusqu'à ce que les obstacles qui entravent HACCP soient résolus, le système HACCP ne sera pas mis en œuvre tout au long de la chaîne alimentaire et il ne sera pas en mesure d'atteindre son plein potentiel en tant que condition préalable pour le commerce international des denrées alimentaires. Pour cela, il s'avère important d'approfondir la connaissance et la compréhension du concept HACCP. Ceci, par la traduction des documents HACCP à des langues locales diverses. De même, les programmes de formation et de sensibilisation en la matière, peuvent soutenir la mise en œuvre des programmes préalables et du HACCP dans les entreprises du secteur alimentaire (JOUVE.J.L *et al.*, 1994). Il est conclu, aussi, que la formation HACCP et la formation des exploitants du secteur alimentaire et des responsables de réglementation des aliments est une condition importante pour la réalisation des objectifs d'une stratégie d'amélioration du secteur agroalimentaire (EHIRI.J.E *et al.,* 1995).

Egalement, une collaboration des efforts de toutes les parties intéressées (gouvernement, scientifiques, industriels, consommateurs, employés..) peut améliorer et faciliter l'application des principes HACCP dans l'industrie agroalimentaire. Alors, le facteur fondamental qui peut bien influer, d'une façon critique, sur l'application des principes HACCP dans les grandes entreprises et les PME, **est le capital humain**. Or, le domaine de la gestion des ressources humaines aurait dû devenir une partie intégrante du système HACCP (JEVSNIK.M *et al.*, 2008). De ce fait, l'harmonisation de la législation alimentaire, l'application de la législation, une meilleure coordination et de contrôle des aliments pourrait renforcer la participation active de tous ceux qui sont impliqués dans la chaîne alimentaire (BANATI.D, 2003). Ainsi, une étude ergonomique des ressources humaines, notamment au poste de contrôle de la qualité, s'avère très importante et indispensable pour toute action d'amélioration et de développement durable de l'entreprise.

Malgré son complexité, la mise en place d'un tel système est à la portée de toute entreprise. Ce système est, en effet, fondé sur des principes de bon sens relativement facile à appliquer, en fonction des caractéristiques humaines, financières…de l'entreprise.

2-3-7- ISO 22000

L'ISO 9001 s'attache à la satisfaction du client et par conséquent à la qualité du produit, tandis que HACCP se concentre sur la sécurité des aliments. C'est pourquoi HACCP est plus efficace au sein de l'ISO 9001 que pris isolément (FRAGNE.P, 2002). L'HACCP, en tant que tel, n'est pas une norme. En revanche, plusieurs pays s'en sont inspirés pour créer des normes nationales :

- la norme danoise DS 3027: « Management of Food Safety based on HACCP »;

- la norme marocaine NM 08.0.002: « Système de management HACCP - exigences » ;

- le fascicule de documentation français FD V01-006 : « Système HACCP: principes, notions de base et commentaires ».

Devant la multiplication des référentiels intégrant l'HACCP et devant un réel besoin d'harmonisation des pratiques dans un marché mondialisé, l'ISO a publié en 2005 une norme certifiable, l'ISO 22000 : « Systèmes de management de la sécurité des denrées alimentaires- Exigences pour tout organisme appartenant à la chaîne alimentaire » (GUEGUEN.H, 2009).

L'ISO 22000 est un mélange de la norme ISO 9001 et de la méthode HACCP. Sa structure lui permet donc de rentrer dans un système de gestion de la qualité, de type ISO 9001 et reste compatible au système de management environnemental ISO 14001 (AFNOR (b), 2006).

La norme ISO 22000 est une norme internationale élaborée au niveau de l'ISO (Organisation Internationale de Normalisation). 150 pays sont membres de l'ISO et 45 pays ont participé à la rédaction de la norme ISO 22000 dont les Etats Unis, la Chine et le Japon. Les 54 pays membres de l'ISO qui ont voté, ont tous voté en faveur de la norme ISO 22000. Tous les acteurs concernés ont participé aux réunions du groupe du travail international, notamment la grande distribution (KHEMILI.A, 2005).

La norme internationale ISO 22000 spécifie les exigences relatives à un système de management de la sécurité des aliments, lorsqu'un organisme a besoin de démontrer son aptitude à maîtriser les dangers liés à la sécurité des aliments. Cela, afin de garantir en permanence la fourniture de produits sûrs, répondant aux exigences convenues avec les clients et celles des règlements applicables en la matière (AFNOR (b), 2006).

2-3-8- Le PGQ : Programme canadien de la Gestion de la Qualité

PGQ Programme canadien de gestion de la qualité, mis en œuvre au début de 1992, le premier programme d'inspection des produits du poisson obligatoire du monde fondé sur les principes HACCP (CONSEIL NATIONAL DU SECTEUR DES PRODUITS DE LA MER, 1998).

Le programme de gestion de la qualité (PGQ) développé par l'agence canadienne d'inspection des aliments (ACIA) est un système fondé sur les règlements à mettre en place par tous les établissements de transformation du poisson, agrées par le gouvernement. C'est un système de gestion de la qualité fondé sur les principes HACCP. Cependant, le PGQ porte aussi sur des questions autres que la salubrité, notamment la qualité du poisson frais et les exigences réglementaires, comme l'étiquetage (KAANANE.A, 2006).

En 1999, le Ministère de l'agriculture marocain a élaboré, avec l'aide de la coopération canadienne, un projet pilote de création d'un programme de gestion de la qualité marocaine (PGQM). Le projet visait la mise en place d'un PGQ national, inspiré du modèle canadien, dont dix huit entreprises (conserveries de poisson, semi conserve et congélation) se sont portées volontaires à la participation dans ce projet. (KAANANE.A, 2006).

Tableau 2:Les composantes du programme PGQ canadien (KAANANE.A, 2006).

Composante de base	but	Aspects couverts
Plan des préalables	S'assurer que l'usine est en état pour permettre la préparation d'un produit sans danger et acceptable aux consommateurs	-environnement de l'usine -procédures de rappel
Plan des points d'intervention réglementaire	S'assurer que le produit est conforme aux règlements d'inspection du poisson	-normes minimales acceptables pour un produit -matière première

		-étiquetage
Plan HACCP	S'assurer que le produit de l'usine est conforme aux normes de santé et de sécurité	-surveillance des procédés

2-3-9- L'international Food Standard (IFS) et British Retail Consortium Standards (BRC)

IFS (International Food Standard), mis en place par la fédération du commerce *allemand* puis la fédération du commerce français (GUEGUEN.H, 2009), est un référentiel conçu pour permettre l'évaluation des niveaux de qualité, d'hygiène et de sécurité des produits alimentaires. Ce référentiel est applicable à toutes les étapes de transformation des produits alimentaires en aval de la production primaire. Il est utilisé pour une grande partie de l'Europe, sauf la Grande Bretagne qui utilise le référentiel BRC (British Retail Consortium) (PUBLICATION PMC, 2008).

Le British Retail Consortium (Consortium des Distributeurs *Britanniques*), organisation britannique regroupant les distributeurs de produits agroalimentaires, développé en 1996, est un « Référentiel Technique pour les Sociétés Fournisseurs de produits à Marques de Distributeurs». Par extension, ce référentiel est également appelé BRC. Basé sur les principes de l'HACCP et de la sécurité alimentaire, il a pour but d'évaluer les systèmes de management de la qualité mis en place par les entreprises agro-alimentaires présents sur le marché britannique et d'assurer la sécurité des produits alimentaires commercialisés sous MDD (marque de distributeur). BRC certifie selon un standard qui examine les thèmes du système HACCP, du système de gestion de la qualité, des standards d'équipement de l'entreprise, de la maîtrise du produit, de la maîtrise du procédé et du personnel (PUBLICATION PMC, 2008).

D'autres référentiels ont été créés autour de l'HACCP, notamment :

-le CCvD-HACCP (Centraal College van Deskundigen HACCP), conçu et publié par le Dutch National Board of Experts (Comité national *néerlandais* des experts en HACCP) (DUBART.E, 2003), référentiel hollandais ayant permis les premières certifications HACCP par un organisme accrédité (GUEGUEN.H, 2009).

-le SQF (Safe Quality Food), d'origine *australienne*, qui est un système de management de la qualité et de la sécurité des aliments développé par un organisme privé américain, le Food Marketing Institute (FMI) (GUEGUEN.H, 2009).

2-3-10- Les liens entre l'ISO 22000, HACCP, IFS et BRC

Dans un but d'amélioration du produit alimentaire, des exportations et du respect des exigences réglementaires, les entreprises agroalimentaires cherchent toujours des outils de la gestion et de l'assurance de la qualité du produit alimentaire adaptés à leurs ressources humaines, techniques, financières….

Depuis le début des années 2000, plusieurs référentiels privés concernant la sécurité des aliments, essentiellement issus de la grande distribution, ont vu le jour. Ainsi, les entreprises doivent obtenir une certification selon le référentiel pris en considération. Les plus connus sont les référentiels IFS (International Food Standard) et le BRC (British Retail Consortium) (GUEGUEN.H, 2009). Ces référentiels placent le HACCP au cœur de leurs exigences en matière de sécurité des aliments.

Cette multiplication des référentiels privés a créé une certaine confusion auprès des entreprises et organismes de l'agroalimentaire. En effet, de nombreux acteurs s'interrogent sur le choix adéquat à faire entre ces différents référentiels et s'inquiètent devant l'augmentation des ressources à mettre à disposition (AFNOR (b), 2006). Ceci découle, particulièrement, de la culture de l'entreprise en matière de système de management de la sécurité des aliments et sur la capacité de l'entreprise à identifier, évaluer et maîtriser les dangers liés à la sécurité des aliments.

Il est important de souligner que la norme ISO 22000 (basée sur les principes HACCP) fixe des exigences de résultats alors que le référentiel IFS fixe des exigences de résultats mais également des exigences de moyens. Au contraire de l'IFS, la norme ISO 22000 ne reprend pas de listes détaillées de bonnes pratiques. Par ailleurs si la norme ISO 22000 est un référentiel de management, le référentiel IFS est un référentiel d'audit (AFNOR (b), 2006). L'ISO 22000 constitue une réponse aux attentes des acteurs du secteur alimentaire. Elle a comme atout de pouvoir être utilisée à tous les stades de la chaîne alimentaire (GUEGUEN.H, 2009). Alors, la mise en œuvre de la norme ISO 22000 a pour but d'aider une entreprise à intégrer les exigences de ses clients et de la réglementation en matière de sécurité des aliments dans une approche globale où l'articulation entre les exigences d'hygiène et l'application de la démarche HACCP se fait de façon active et avec un souci d'amélioration continue et de transparence.

Or, les référentiels sont nombreux en agroalimentaire, il est donc possible de réaliser une autoévaluation selon un bon nombre d'entre eux. La méthode HACCP est d'ailleurs rendue obligatoire dans les nouveaux textes réglementaires du "paquet hygiène". Cette méthode, basée sur sept principes et douze étapes sert d'ailleurs de base aux différents référentiels utilisés en agroalimentaire (BOUTOU.O, 2006).

2-3-11- Méthodes d'analyse pour le contrôle de la qualité du produit alimentaire

Les industriels doivent surveiller la qualité des matières premières qu'ils reçoivent. Ils doivent aussi, contrôler les chaînes de production pour satisfaire les exigences du client implicites et explicites et celles réglementaires... Les contrôles de laboratoire se basent couramment sur des procédés chimiques (utilisation contraignante de verrerie et des réactifs chimiques quelquefois polluants) qui sont habituellement trop lentes pour permettre un contrôle du produit avant sa commercialisation. On peut souvent remplacer ces analyses chimiques par des méthodes physiques, plus rapides. Par exemple, la spectroscopie utilise la lumière à la place d'un réactif chimique. Une simple illumination de l'aliment à analyser et un enregistrement de la lumière absorbée dans différentes conditions de mesure suffit habituellement à obtenir une information très pratique sur le produit étudié. Grâce à des méthodes informatiques appliquées aux mesures physiques, on parvient à extraire l'information la plus utile et à apprécier la ressemblance entre les produits ou les aliments étudiés (BERTRAND.D, 1996).

Les applications industrielles des mesures physiques rapides sont actuellement très importantes. Grâce à des fibres optiques, on peut conduire la lumière jusqu'au produit à analyser, sans le placer dans un appareil de mesure. La lumière réfléchie, qui contient l'information, est également collectée à l'aide de fibres optiques. Il est alors possible de contrôler et d'enregistrer directement l'évolution de la qualité des produits sur la chaîne de production. L'étape ultérieure, qui demandera encore des recherches, sera d'automatiser les réglages de la chaîne de production en fonction des informations acquises sur le produit en cours de transformation (BERTRAND.D, 1996).

Egalement, les techniques de biologie moléculaire apportent aujourd'hui des solutions efficaces pour le contrôle microbiologique, la maitrise sanitaire des aliments et des environnements de production (EUROFINS, 2011). La technologie PCR (réaction de polymérisation en chaine) pour la détection des micro-organismes pathogènes offre plusieurs avantages :

-précision et spécificité : un protocole analytique qui met en œuvre des étapes d'amplification et de détection d'un fragment d'ADN spécifique au microorganisme recherché ;

-rapidité : des résultats en seulement quelques heures. Avec la PCR, il est maintenant possible de détecter la présence de salmonelle en 24 h (voir 9h pour la viande crue de bœuf) alors qu'avec les méthodes de cultures classiques, il faut entre 3 et 4 jours et même davantage si l'étape de confirmation est nécessaire.

-la performance : une méthode génétique qui donne l'accès à plus d'information, par ex : différentiation entre souche pathogène et non pathogène (EUROFINS, 2011).

Toutes les procédures utilisées pour maîtriser un danger spécifique devraient être validées par la validation des mesures de contrôle, mais il pourrait y avoir des limitations pour atteindre cet objectif. Dans ce cas, certains critères de priorité peuvent être envisagés: cela signifie qu'il est nécessaire de définir des critères pour la validation des mesures de contrôle associées aux CCP et de déterminer les organismes indicateurs qui permettront d'évaluer la performance microbiologique du système HACCP (APARECIDA MARTINS.E et MANUEL LEAL GERMANO.P, 2007).

De cette façon, l'utilisation de l'IM (indicateurs microbiologiques) pour valider les mesures de contrôle établi pour les CCP ou même de valider les procédures pour les bonnes pratiques de fabrication… est hautement recommandé par de nombreux auteurs (BRASHEARS.M *et al.*, 2002). D'autres auteurs (GONZALEZ-MIRET.M.L *et al.*, 2001) suggèrent l'utilisation des paramètres microbiologiques pour valider les CCP à l'abattage de volailles. Ils soulignent également l'importance d'utiliser des outils statistiques pour analyser les données.

Sur la base des arguments exposés dans une étude menée en Brésil sur les indicateurs microbiologiques pour l'évaluation de la performance du HACCP dans la production de lasagne à la viande, il peut être conclu que l'utilisation de l'IM (indicateurs microbiologiques) en combinaison avec l'analyse statistique des données confèrent une plus grande crédibilité à la validation et à la vérification des mesures de contrôle aux CCP (APARECIDA MARTINS.E, MANUEL LEAL GERMANO.P, 2007).

2-3-12- Impact du respect des normes de sécurité sanitaire des produits alimentaires sur les commerces des pays en développement

Les faiblesses des systèmes de sécurité sanitaires des aliments peuvent entrainer une incidence plus élevée des problèmes de salubrité et des maladies. De même, la législation en matière de sécurité sanitaire des aliments dans de nombreux pays en développement est souvent incomplète ou dépassée ou ne correspond plus aux exigences internationales (FAO/OMS, 2005).

Les normes de sécurité sanitaire des produits alimentaires et agricoles, appliquées par les pays industrialisés, crée une situation difficile que les pays en développement doivent prendre en compte. Ceci, pour continuer à tirer profit des marchés internationaux des produits alimentaires à forte valeur ajoutée tels que les fruits et légumes, le poisson, la viande, les fruits à coque et les épices. Ces normes jouent un rôle positif dans de nombreux cas, qui incitent à la modernisation du système de production et du dispositif réglementaire pour les exportations et à l'adoption de modes de production et de transformation plus sûrs et plus durables (FAO/OMS, 2005).

Le respect des normes de la sécurité sanitaire des produits alimentaires et agricoles a un coût qui provoque une grande crainte dans la communauté internationale. En effet, le coût de développement, de la mise en œuvre et de fonctionnement d'un système HACCP et des programmes préalables dans un établissement de restauration aérienne, a été affecté par le statut actuel d'hygiène et de la taille de l'établissement, la complexité de l'opération, le nombre et l'expérience des employés concernés (BATA.D *et al.,* 2006).

Beaucoup craignent que l'application de ces normes portent de plus en plus atteinte aux pays en développement, qui n'ont pas les capacités nécessaires — au plan administratif, technique, humain, notamment — pour se conformer à des règles supplémentaires ou plus strictes. On a toutefois constaté dans bien des cas, que l'investissement à faire pour respecter ces normes est bénéfique, surtout par rapport à la valeur des exportations et aux conséquences positives d'un tel effort.

Plusieurs branches d'activité, comme le secteur horticole au Kenya, ont réussi à se conformer aux normes en intervenant au préalable. C'est-à-dire en se tenant informé de l'évolution des critères techniques et commerciaux à respecter sur leurs marchés et en devançant l'événement. Ces entreprises ont utilisé et appliqué des normes plus strictes pour se repositionner sur des segments plus lucratifs du marché, parfois en valorisant leurs produits. Cette stratégie a impliqué la construction d'installations de traitement sophistiquées, un investissement dans des laboratoires privés et l'établissement d'un système de traçabilité tout au long de la chaîne d'approvisionnement. Les entreprises de pointe ont renforcé et étendu leurs installations, mettant en place des systèmes améliorés pour l'éclairage, l'assainissement de l'eau, le traitement et l'entreposage frigorifiques, des équipements en matière d'hygiène pour leurs employés et de processus HACCP (points de contrôle critique pour l'analyse des risques), ainsi que des dispositifs d'assurance qualité perfectionnés (BANQUE MONDIALE, 2005).

Pour la Jamaïque, les problèmes d'accès aux marchés liés aux normes SPS ont exacerbé d'autres problèmes très divers affectant sa compétitivité, qu'il s'agisse d'une production de matières premières irrégulière, d'un haut niveau de pertes après récolte, d'une main-d'œuvre rare et coûteuse ou de facteurs d'ordre macroéconomique. (BANQUE MONDIALE, 2005).

En ce qui concerne les exportations de la région du Proche-Orient, la plupart des pays se heurtent à des conditions d'accès défavorables pour les marchés qui les intéressent le plus. Les normes sanitaires et phytosanitaires appliquées par les pays développés représentent l'un des principaux obstacles aux exportations de produits alimentaires et agricoles (FAO/OMS, 2005). C'est ainsi que de janvier à juin 2001, 27 % des exportations de produits alimentaires de l'Égypte, de la Jordanie, du Liban et de la Syrie à destination des États-Unis ont été refusées par la Food and Drug Administration en raison de leur non-conformité avec les mesures de sécurité sanitaire du pays (malpropreté, contamination microbiologique, niveaux de résidus de pesticides ou d'additifs alimentaires supérieurs aux normes établies) et 58 % pour des questions d'étiquetage (FAO/OMS, 2005). Même si certains pays réussissent parfois à se conformer aux mesures SPS, les ressources techniques et financières dont ils disposent sont insuffisantes et les démarches nécessaires pour accéder à la conformité sont souvent longues et complexes. C'est ainsi qu'en 1998, l'UE a interdit les importations de poisson et des produits de la pêche des États du golfe Persique, qui ne respectaient pas les réglementations environnementales et sanitaires fondées sur le système HACCP (analyse des risques aux points critiques). Les exportateurs ont perdu brutalement leur part du marché et les secteurs public et privé ont dû assumer des coûts considérables pour se conformer aux normes. L'adoption de réglementations fondées sur le système HACCP et la démonstration de leur mise en application (qui supposent les modifications et la reconstruction nécessaires pour répondre aux exigences sanitaires, de nouveaux laboratoires d'essai, la formation du personnel, des honoraires de consultants, une documentation HACCP, etc.) entraînent des coûts souvent élevés que les gouvernements doivent parfois assumer en partie. L'UE a levé les interdictions frappant Oman en 1999, le Yémen en 2002 et les Émirats arabes unis en 2003, une fois dûment certifiée la sécurité sanitaire du poisson exporté (FAO/OMS, 2005).

En effet, le poisson est un produit d'exportation de valeur élevée de plus en plus important pour plusieurs pays de la région. Le Maroc est le principal exportateur de poisson des pays arabes et africains. Ses principaux clients sont l'Union Européenne et le Japon. L'exportation de chaque kilogramme de produits halieutiques équivaut en valeur à l'importation d'environ quatre kilogrammes d'autres denrées alimentaires. En Mauritanie, les exportations de poisson, de poulpe commun essentiellement, sont destinées au Japon (40 %) et à l'Union Européenne (60 %) (FAO/OMS, 2005). Pour quelques États du golfe Persique, comme Oman, le poisson est la deuxième source de recettes en devises après le pétrole.

L'importance relative du marché de l'UE pour les pays du bassin méditerranéen varie sensiblement d'un pays à l'autre. Ainsi, plus de 50 % des exportations de produits agricoles du Proche-Orient à destination de l'UE viennent d'Égypte, du Maroc, de Syrie et de la Tunisie (FAO/OMS, 2005). La composition des exportations de produits agricoles vers l'UE diffère aussi largement selon les pays. Les fruits et légumes, par exemple, prédominent dans les exportations à destination de l'UE de tous le pays du bassin méditerranéen, à l'exception du Liban et de la Syrie. Le poisson est un produit important pour l'Algérie, les Émirats arabes unis, le Maroc, Oman, la Tunisie et le Yémen. La pomme de terre est un produit d'exportation majeur pour l'Égypte, alors que l'huile d'olive n'est importante que pour la Tunisie, dont elle représente plus de 55 % des exportations agricoles vers l'UE (FAO/OMS, 2005).

Alors, la normalisation industrielle peut avoir des effets bénéfiques: amélioration des systèmes de traçabilité et de gestion, meilleures pratiques de culture ou d'élevage, perfectionnement de la gestion des ressources naturelles, accroissement de l'équité sociale… Les exigences et normes industrielles peuvent également contribuer à promouvoir la conformité aux exigences internationales, à condition qu'il existe une cohérence entre les différents systèmes de normalisation. L'élaboration et l'application de normes industrielles et d'exigences de certification désavantagent souvent les petits producteurs et les entreprises agricoles artisanales. De nombreuses normes et exigences industrielles ne peuvent pas être appliquées, ou à un coût très élevé, dans les pays qui n'ont pas accès aux technologies les plus récentes et à des systèmes d'information et de communication économiques et efficaces, à des infrastructures adéquates et à des institutions et services d'appui (PUBLICATION PMC, 2008).

Cependant, ce qui précède montre que les pays en développement ont tout intérêt à considérer les normes comme une incitation à l'investissement, à encourager l'amélioration des méthodes de contrôle de l'innocuité et de la qualité des produits agroalimentaires et à énoncer plus clairement le rôle que les pouvoirs publics doivent jouer dans la gestion de la sécurité sanitaire des produits alimentaires et agricoles.

Dans les pays en développement, les plans d'activité des entreprises privées doivent tenir compte des considérations qu'impliquent et que devraient impliquer les normes SPS et autres, telles que les couplages produits marchés, les relations entre l'offre et le consommateur, les technologies de production et les investissements dans l'infrastructure de transformation et de commercialisation. Le secteur privé doit s'appuyer sur les associations professionnelles pour plaider en faveur d'un soutien efficace du secteur public et appliquer des programmes de sensibilisation, encourager l'adoption de bonnes pratiques et de codes de bonnes pratiques et renforcer la qualité des produits alimentaires et la gestion sanitaire et phytosanitaire dans les différents secteurs d'activité.

2-3-13-Diagnostic sur les entreprises agroalimentaires au Maroc certifiées ou agrées HACCP

Pour faire face aux problèmes des intoxications alimentaires au Maroc et améliorer les outils de gestion de risque, un premier diagnostic du système national a été fait dans les années 80 avec l'appui de la FAO. Il a permis d'élaborer une stratégie de contrôle alimentaire au niveau du territoire national et des frontières (MAJDI.M, 2000). De plus, le dispositif réglementaire et normatif marocain qui régit le secteur de l'agroalimentaire est entrain de subir une importante refonte. Ceci, pour l'adapter à la réalité des filières qui constituent ce secteur. Principalement, le système HACCP est devenu synonyme de la sécurité sanitaire des aliments. Il est reconnu en tant qu'approche systématique et préventive pour maîtriser des dangers biologiques, chimiques et physiques, par l'anticipation et la prévention plutôt que par l'inspection et les analyses sur le produit fini (BIRCA.A, 2009).

Dans le but de la mise en lumière du système HACCP au Maroc, Une étude statistique, menée par notre équipe en 2007, a montré que 72% des entreprises laitières au Maroc adoptent un système d'autocontrôle, dont seulement 11% sont agrées HACCP par le service vétérinaire. Actuellement, sur 100 unités de préparation des produits laitiers opérant au niveau national, 70 unités de préparation et de transformation des produits laitiers sont immatriculées par l'ONSSA. Chaque unité laitière, immatriculée par cet office, dispose d'une démarche HACCP ou dans la majorité des cas d'un système d'autocontrôle basé sur les principes HACCP. Il est à noter que l'apport de l'ONSSA dans ce secteur est important, sauf que la terminologie utilisée (immatriculée, agrée) dans ce domaine reste encore incohérente et nécessite une certaine révision.

Le contrôle sanitaire des produits animaux et d'origine animale a des spécificités liées à la nature de ces produits, notre étude en 2007, a montré que 23 des boyauderies et 35 des établissements autorisés pour la fabrication des produits à base de viandes, par le Ministère d'Agriculture et de la Pêche Maritime, disposent d'un agrément HACCP. En conséquence, ce secteur a connu une évolution importante dernièrement. De nouvelles statistiques publiées par l'ONSSA, en décembre 2009, ont montré une amélioration significative dans ce secteur. En effet, les ateliers de découpes des viandes rouges disposant d'un agrément national sont au nombre de 9 (agrément sanitaire vétérinaire permettant la commercialisation des produits sur le territoire national) et 24 disposant d'un agrément local (agrément sanitaire vétérinaire permettant la commercialisation des produits dans la zone dont relève l'établissement (Wilaya ou Province)). 20 abattoirs industriels avicoles et 31 unités de charcuterie disposent aussi d'un agrément de l'ONSSA. 22 boyauderies sont agréées par l'ONSSA pour l'exportation vers les pays de l'union européen. Chaque unité, agréée par cet office, dispose d'un système d'autocontrôle et de traçabilité adaptés en fonction des activités de préparation des viandes et produits à base de viande pour laquelle l'unité en question a été agréée.

De même, les critères de sécurité sanitaire des produits de la mer prennent une importance croissante au Maroc où ils sont, certes, un outil pour la protection des consommateurs mais aussi, le cas échéant, utilisés comme une «barrière non tarifaire» aux échanges et une arme de concurrence commerciale. C'est pourquoi la filière halieutique s'est lancée fortement dans une démarche de la qualité de type HACCP.

Ceci est expliqué par les résultats trouvés au cours de notre enquête en 2007; 736 entreprises sont agrées HACCP par le service vétérinaire du Ministère d'Agriculture et de la Pêche Maritime. En plus, 78 entreprises halieutiques sont certifiées HACCP et 11 sont certifiées PGQ (plan de gestion de la qualité: basé sur le système HACCP) par des organismes certificateurs privés ou étrangers.

Les données présentées par l'ONSSA, en décembre 2009, ont indiqué que 727 unités des produits de la pêche et 58 unités des mollusques bivalves vivants disposent des agréments HACCP accordés par cet office. En effet, l'Office National de la Sécurité Sanitaire des Produits Alimentaires (ONSSA) est l'autorité compétente nationale reconnue par l'union européenne, pour la certification sanitaire des produits de la mer et d'eau douce, des coquillages et des boyaux pour l'exportation desdits produits vers ces pays.

3- La communication de risque

La communication de risque englobait toutes les formes de communications entre les scientifiques, les décideurs et le public tout au long des processus d'évaluation et de gestion des risques. Ces différentes communications nécessitaient elles-mêmes des approches différentes et conduisaient souvent à des niveaux variables de compréhension. Ce qui entraînait des degrés variables d'efficacité dans la communication.

La Consultation, mixte d'experts FAO/OMS sur l'application de la communication des risques aux normes alimentaires et à la sécurité sanitaire des aliments, de mars 1995 sur l'application de l'analyse des risques aux questions touchant à la sécurité sanitaire des aliments a défini la communication des risques comme « un processus interactif d'échange d'informations et d'opinions sur les risques entre les évaluateurs des risques, les gestionnaires des risques et les autres parties intéressées » (FAO/WHO, 1995).

En 1997, la commission du codex alimentarius a adopté la définition suivante de la communication des risques: « échange interactif d'informations et d'opinions sur les risques entre les responsables de leur évaluation et de leur gestion, les consommateurs et les autres parties intéressées » (FAO/WHO, 1997).

La consultation a considéré que la définition du codex était trop étroite, puisqu'elle ne tenait pas compte de la nécessité de communiquer des facteurs autres que la probabilité d'effets néfastes sur la santé et la gravité et l'ampleur de ces effets. La consultation a recommandé que la définition du codex soit modifiée par l'insertion de la formule « et les facteurs liés aux risques ». La définition se lirait donc ainsi: « La communication des risques est l'échange interactif d'informations et d'opinions sur les risques et les facteurs liés aux risques entre les responsables de leur évaluation et de leur gestion, les consommateurs et les autres parties intéressées » (FAO/OMS, 1998).

Il importe, que les communications entre les évaluateurs des risques, les gestionnaires des risques et les autres parties intéressées utilisent un langage et des concepts accessibles au public visé. Néanmoins, malgré cette amélioration de l'organisation et la coordination des alertes sanitaires, la multiplicité d'intervenants crée des conditions de désordre dans la communication officielle des pouvoirs publics lorsque survient une crise alimentaire (DE BROSSE.A, 2002).

L'objectif fondamental de la communication des risques consiste à fournir des informations utiles, pertinentes et exactes. Ces informations doivent être formulées de façon claire et compréhensible, à un public spécifique.

La crédibilité accordée à une source par un public cible peut varier en fonction de la nature du danger, du contexte culturel, social et économique, ainsi que d'autres facteurs. Ainsi, les facteurs qui déterminent la crédibilité de la source sont, notamment, une compétence ou un savoir-faire reconnu, la fiabilité, l'équité et l'objectivité (DE BROSSE.A, 2002).

Les rôles et les responsabilités en matière de communication des risques sont assurés particulièrement par :

3-1- Les organisations internationales

Les gouvernements doivent s'attacher à élaborer une démarche homogène et transparente en matière de communication des informations sur les risques. Les stratégies de communication pourront différer en fonction des problèmes traités et des publics visés. Les différences de perception, qui peuvent tenir à des différences d'ordre économique, social ou culturel, doivent être prises en compte et respectées (DE BROSSE.A, 2002) (FAO/OMS, 1998).

3-2- Le secteur agroalimentaire

Le secteur agroalimentaire a, en tant que secteur professionnel, la responsabilité de communiquer aux consommateurs des informations relatives aux risques. Il est essentiel que le secteur soit associé à tous les aspects de l'analyse des risques, pour que le processus décisionnel soit efficace et constitue une source majeure d'informations en matière d'évaluation et de gestion des risques (DE BROSSE.A, 2002) (FAO/OMS, 1998).

3-3- Les consommateurs et les organisations de consommateurs

La participation précoce du public ou des organisations de consommateurs au processus d'analyse des risques contribue à faire prendre en compte les préoccupations des consommateurs, tout en favorisant de manière générale une meilleure compréhension, de la part du public, des processus d'évaluation des risques et des modalités conduisant aux décisions fondées sur les risques. Une telle participation peut, en outre, étayer les décisions relevant de la gestion des risques qui découlent de l'évaluation. Il appartient aux consommateurs et à leurs organisations de faire part aux gestionnaires de la santé de leurs préoccupations et de leurs opinions concernant les risques sanitaires (FAO/OMS, 1998) (DE BROSSE.A, 2002).

3-4- Le monde académique et les instituts de recherche

Les milieux académiques et ceux de la recherche peuvent être appelés à jouer un rôle important dans l'analyse des risques. Ils doivent partager leurs connaissances spécialisées sur les questions de la santé et de la sécurité sanitaire des aliments et contribuer à identifier les dangers.

Les médias, ou d'autres parties intéressées, peuvent également leur demander leur avis sur les décisions prises au niveau gouvernemental. Souvent, ces experts jouissent de la confiance du public et des médias et peuvent constituer des sources indépendantes d'information (DE BROSSE.A, 2002) (FAO/OMS, 1998).

3-5- Les médias

Les médias jouent un rôle capital dans la communication des risques. Ils sont à la source d'une bonne partie des informations diffusées dans le public à propos des risques sanitaires d'origine alimentaire. Les médias peuvent se contenter de transmettre un message ou ils peuvent le créer ou tout au moins l'interpréter. Ils ne sont pas limités aux sources officielles d'information. Leurs messages traduisent souvent les préoccupations du public et d'autres secteurs de la société (FAO/OMS, 1998) (DE BROSSE.A, 2002).

Conclusion

Récemment l'analyse des risques et ses composantes, à savoir: l'évaluation, la gestion et la communication des risques, a été adoptée comme une nouvelle approche pour évaluer et maîtriser les risques. Ceci, dans le but d'assurer la protection de la santé des consommateurs et les pratiques loyales dans le commerce des aliments et d'améliorer la sécurité et la santé au travail.

Il apparaît que la phase d'évaluation des risques est profondément concernée par l'application du principe de précaution. Le but essentiel est donc de fournir aux gestionnaires du risque des informations, leur permettant de parvenir à des décisions plus objectives sur les mesures les plus appropriées en matière de sécurité sanitaire des aliments et des opérateurs. Elle peut servir comme référence aux entreprises pour l'établissement des critères de performances et de leurs procédés de fabrication et aux pouvoir publics pour la définition des normes. Elle permet, également, d'amener le citoyen à percevoir le risque réel par une communication efficace et permanente (MOEZ.S, 2004).

Les risques que posent les dangers d'origine alimentaire constituent une préoccupation pour la santé humaine à l'échelle de la planète. Au cours des dernières décennies, l'incidence des maladies d'origine alimentaire a augmenté dans de nombreuses parties du monde.

En effet, les problèmes de la sécurité sanitaire des denrées alimentaires peuvent être identifiés à partir de sources variées, telles que: des études sur la prévalence et la concentration des dangers dans la filière alimentaire et dans l'environnement, des informations relatives au contrôle des maladies humaines, des études épidémiologiques, des études cliniques, des études de laboratoire, des innovations techniques ou médicales, l'absence de conformité aux normes, des recommandations émises par des groupes d'experts, l'opinion publique, etc.

Par ailleurs, pour réduire la morbidité et la mortalité en rapport avec ces maladies alimentaires (MA), il faudrait un renforcement des moyens financiers et humains pour respecter la réglementation dans les points de vente des produits alimentaires (respect de la chaîne de froid, hygiène des locaux et du personnel, suivi médical de ce dernier...), rendre obligatoire les prélèvements sur les aliments incriminés au moins devant toute TIAC (car il est à signaler le manque constant de données de laboratoire sur la cause des MA) et renforcer l'action de l'Office National de Sécurité Sanitaire des produits Alimentaires (ONSSA) pour faire adhérer les producteurs aux bonnes pratiques agricoles et les entreprises du secteur alimentaire à l'application de la méthode HACCP. En effet, quelles que soient les mesures établies, le risque zéro n'existe pas. La mise en place d'un système de vigilance et de surveillance épidémiologique des intoxications alimentaires est indispensable pour détecter le plus tôt possible toute menace et permettre d'appliquer les actions nécessaires pour limiter le préjudice (CAPM, 2010).

D'une manière générale, la plupart des pays ont du mal à planifier et à mettre en œuvre des politiques en matière de sécurité sanitaire des aliments et de commerce international et à appliquer les accords internationaux pertinents. Plusieurs pays éprouvent des difficultés à respecter les normes internationales de la sécurité et de la qualité. Ceci, faute de moyens en matière de recherche scientifique, d'essais, d'évaluation de la conformité et d'équivalence. Par ailleurs, la réglementation concernant la sécurité sanitaire des aliments entraîne des coûts de mise en application qui peuvent être prohibitifs pour certains producteurs. De ce fait, elle peut entraîner une hausse du prix des denrées alimentaires, avec des répercussions néfastes pour le consommateur et une incidence majeure sur les échanges commerciaux des produits agricoles et alimentaires. Aussi, des facteurs peuvent influer, dans certains cas, sur la mise en œuvre de ce système en particulier dans les PME, tels que : le manque de connaissances sur le HACCP et le problème de la compréhension de cette approche et d'autres programmes de sécurité alimentaire qui ont été identifiés comme les principaux obstacles à la sécurité alimentaire dans les entreprises du secteur alimentaire ; le manque de programmes préalables ; des obstacles techniques et structurels ; le manque ou l'insuffisance des sessions de formation du personnel ; les différences du genre, d'âge et de la position de travail (les conditions ergonomiques)…Il est conclu, alors, que la formation HACCP et la formation des exploitants du secteur alimentaire et des responsables de réglementation des aliments est une condition importante pour la réalisation des objectifs d'une stratégie d'amélioration du secteur agroalimentaire (EHIRI.J.E *et al.,* 1995). Également, le facteur indispensable qui peut bien influer sur l'application des principes HACCP dans les grandes entreprises et les PME, est le capital humain et ainsi que l'amélioration de ses conditions de travail.

Bibliographie

1) **ABOUDIA-EL MENDILI.A.** Évaluation de divers outils qualitometriques pour l'optimisation et la modélisation de la mise en place de la méthode HACCP, thèse pour le doctorat en sciences, université de droit, d'économie et des sciences d'Aix-Marseille III, 2004, 125 p.

2) **AFNOR (b).** ISO 22 000. Présentation de la norme. Editions Afnor. 2006.

3) **AFNOR.** PR NF V01-006 : Hygiène des aliments-système HACCP : principes et notions de base, Paris, éditions Afnor, Février 2002, 15 p.

4) **APARECIDA MARTINS.E, MANUEL LEAL GERMANO.P.** Microbiological indicators for the assessment of performance in the hazard analysis and critical control points (HACCP) system in meat lasagna production. Food Control xxx, 2007, xxx–xxx.

5) **ARILAIT.** Le HACCP et l'industrie laitière. La méthode : guide d'application, Paris, Arilait, 1996, (1), 75 p.

6) **AZANZA.M.P.V, ZAMORA-LUNA.M.B.** Barriers of HACCP teams to guideline adherence. Food Control 16, 2005, pp 15–22.

7) **AZANZA.V.M.P, CHARITY JAGGIELYN.E, PAZ.D.** Learning HACCP in Philippine lingua franca. Food Control 18, 2007, pp 1524–1531

8) **BANATI.D.** The EU and candidate countries: How to cope with food safety policies? Food Control, Volume 14, Issue 2, March 2003, pp 89-93.

9) **BANQUE MONDIALE.** Impact des normes de sécurité sanitaire des produits alimentaires et agricoles sur les exportations des pays en développement. Résumé du rapport n° 31302. 2005.

10) **BAS.M, YÜKSEL.M, ÇAVUSOGLU.T.** Difficulties and barriers for the implementing of HACCP and food safety systems in food businesses in Turkey. Food Control. Volume 18, Issue 2, February 2007, pp 124-130.

11) **BATA.D, DROSINOS.E.H, ATHANASOPOULOS.P, SPATHIS.P.** Cost of GHP improvement and HACCP adoption of an airline catering company. Food Control, Volume 17, Issue 5, May 2006, pp 414-419.

12) **BENOIT HORION.IR.** L'application des principes HACCP dans les entreprises alimentaires. Guide d'application de la réglementation. Version 2, révision 0. Direction générale animaux, végétaux et alimentation. Bruxelle. 2005.

13) **BERTOLINI.M, RIZZI.A, BEVILACQUA.M.** An alternative approach to HACCP system implementation. Journal of Food Engineering, Volume 79, Issue 4, April 2007, pp 1322-1328.

14) **BERTRAND.D.** Une meilleure qualité des aliments...Grâce aux méthodes physiques d'analyse rapides. De la molécule à l'aliment – Procédé. IN-RA.1996.

15) **BIRCA.A.** La sécurité alimentaire et l'analyse des risques en alimentation. Revue de Génie Industriel (1), 2009, pp 5-12.

16) **BOUCHEZ.J.P.** La gestion des ressources humaines : histoire et perspectives, de l'ère industrielle à l'ère de la mondialisation. Ressources humaines. Éditions d'Organisation, 1999, 2003. ISBN : 2-7081-2844-2

17) **BOURRIER.M.** Facteurs organisationnels : Du neuf avec du vieux. Pour la revue Annales des Mines - Réalités industrielles. Mai 2003.

18) **BOUTOU.O.** Guide d'autoévaluation HACCP - NF EN ISO 22000. Editions Afnor. 2006.

19) **BRASHEARS.M.M, DORMEDY.E.S, MANN.J.E, BURSON.D.E.** Validation and optimization of chilling and holding temperature parameters as critical control points in raw meat and poultry processing establishments. Diary, Food and Environmental Sanitation, 22(4), 2002, pp 246–251.

20) **BUISSON.Y, TEYSSOU.R.** Les toxi-infections alimentaires collectives Original Research Article
Revue Française des Laboratoires, Volume 2002, Issue 348, Décembre 2002, pp 61-66

21) **CAPM.** Centre antipoison et de pharmacovigilance du Maroc [en ligne]. Disponible sur:

<http://www.sante.gov.ma/Hebergements/capm/Presentation_frame.html>
(consulté le 10/05/2008)

22) **CAPM**. Sécurité sanitaire des aliments : une priorité mondiale. Publication officielle du Centre Anti Poison du Maroc Ministère de la santé. N° 6 - 3ème trimestre 2010.

23) **CODEX ALIMENTARIUS, FAO, OMS** [en ligne]. Disponible sur:<http://www.codexalimentarius.net/web/index_fr.jsp> (consulté le 01/01/ 2008)

24) **CODEX ALIMENTARIUS.** Hygiène alimentaire dispositions générales, supplément au volume 1B, deuxième édition, 1997, pp 31-40.

25) **CONSEIL NATIONAL DU SECTEUR DES PRODUITS DE LA MER.** Programme de gestion de la qualité restructurée. Août 1998. Canada.

26) **CONTER.M, ZANARDI.E, GHIDINI.S, PENNISI.L, VERGARA.A, CAMPANINI.G, IANIERI.A.** Survey on typology, PRPs and HACCP plan in dry fermented sausage sector of Northern Italy. Food Control 18, 2007, pp 650–655.

27) **COSSON.C, BOLNOT.F.H, TRONCHON.P.** « Sécurité alimentaire » en milieu hospitalier : de la logique de crise à la logique de progrès, Nutrition clinique et métabolisme Volume 17, numéro 4, 2003, pp 242-251.

28) **DE BROSSE.A**. L'entreprise agro-alimentaire et les administrations de con-trôle face aux crises alimentaires. Option Qualité n° 208 septembre 2002, p 13 – 17.

29) **DGAL,** ministère de l'agriculture de la pêche et de l'alimentation. La sécu-rité alimentaire par le système HACCP, Paris, septembre 1995, 43 p.

30) **DOMENECH.E, AMOROS.J.A, PEREZ-GONZALVO.M, I.ESCRICHE.** Implementation and effectiveness of the HACCP and pre-requisites in food establishments. Food Control. Volume 22, Issue 8, August 2011, Pages 1419-1423

31) **DUBART.E**. HACCP dans l'industrie agroalimentaire et certification LRQA. Editions afnor. 2003.

32) **EHIRI.J.E, MORRIS.G.P, MCEWEN.J.** Implementation of HACCP in food businesses: the way ahead. Food Control, Volume 6, Issue 6, 1995, pp 341-345.

33) **EUROFINS.** Détection de germes pathogène par PCR. Les techniques de biologie moléculaire pour assurer la maitrise sanitaire des aliments [en ligne], 2011. Disponible sur: < http://www.eurofins.fr/analyses/produits-alimentaires/microbiologie.aspx> (consulté le 08/11/2010)

34) **FAO.** Historique et bases du système HACCP. Application des principes du Système de l'analyse des risques - points critiques pour leur maîtrise (HACCP) dans le contrôle des produits alimentaires. Rapport de la réunion technique des experts de la FAO. Vancouver, Canada, 12-16 décembre 1994. Etude FAO Alimentation et Nutrition. No 58. FAO. Rome, Italie, 1995.

35) **FAO.** Présentation de l'OAA : Organisation des Nations Unies pour l'alimentation et l'agriculture [en ligne]. Disponible sur:<www.sommetjohannesburg.org/institutions/frame-fao.html > (consulté le 01/01/2008)

36) **FAO/OMS.** Avant-projet de réponse donnée au comité exécutif du codex pour la clarification des termes « analyse des dangers » et « analyse des risques ». trente-quatrième session. Bangkok, Thaïlande. 8 au 13 octobre 2001.

37) **FAO/OMS.** Impact des normes relatives à la sécurité sanitaires des denrées alimentaires sur le commerce international des produits alimentaires et agricoles au Proche-Orient. Réunion régionale FAO/OMS pour le Proche-Orient sur la sécurité sanitaire des denrées alimentaires Amman (Jordanie), 5–6 mars 2005.

38) **FAO/OMS.** L'application de la communication des risques aux normes alimentaires et à la sécurité sanitaire des aliments, Rome. 2-6 février, 1998.

39) **FAO/WHO.** Application of risk analysis to food standards issues. Rapport de la Consultation mixte d'experts FAO/OMS. Document OMS WHO/FNU/FOS 195.3. OMS, Genève.1995.

40) **FAO/WHO.** Commission du Codex Alimentarius. Rapport de la vingt-deuxième session. FAO, Rome.1997.

41) **FRAGNE.P.** Présentation de la norme 15061, compte rendu des rendez vous d'AFNOR « démarche qualité et sécurité alimentaire : un outil pour favoriser la complémentarité », Nantes, 5/02/2002, pp 20-23.

42) **GILLING.S.J, TAYLOR.E.A, KANE.K, TAYLOR.J.Z..** Successful hazard analysis critical control point implementation in the United Kingdom: understanding the barriers through the use of a behavioral adherence model. Journal of Food Protection, 64(5), 2001.pp 710–715.

43) **GONZALEZ-MIRET.M.L, COELLO.M.T, ALONSO.S, HEREDIA.F.J.** Validation of parameters in HACCP verification using univariate and multivariate statistics. Application to the final phases of poultry meat production. Food Control, 12, 2001, pp 261–268.

44) **GRANDIN.J, LAVERDIERE.D, LA RUE.R**. L'évaluation pré/post des effets de la communication du risque sur la perception du risque: L'exemple de la pêche sportive dans le saint Laurent autour de Montréal. Vertigo – la revue en sciences de l'environnement, mai 2003, vol 4, n °1, pp 1-8.

45) **Gueguen.H**. Editions Afnor, (2009).

46) **HANAK.E, BOUTRIF.E, FABRE.P, PINEIRO.M**. La gestion de la sécurité des aliments dans les pays en développement. *In*: E.HANAK. E.BOUTRIF. P.FABRE. M.PINEIRO. Gestion de la sécurité des aliments dans les pays en développement, actes de l'atelier international. CIRAD FAO. Montpellier, France, décembre 2000, pp 1-17.

47) **IDRISSI.L**. Les épisodes d'intoxications alimentaires : étude de cas. La 2éme journée nationale de toxicologie.2005, rabat.

48) **ISO**. Maroc (IMANOR). [en ligne]. Disponible sur: <http://www.iso.org/iso/fr/about/iso_members/iso_member_body.htm?membe r_id=1931 > (consulté en 2015)

49) **JAVIER PANISELLO.P, CHARLES QUANTICK.P**. Technical barriers to Hazard Analysis Critical Control Point (HACCP). Food Control, Volume 12, Issue 3, April 2001, pp 165-173.

50) **JEVŠNIK.M, HLEBEC.V, RASPOR.P**. Food safety knowledge and practices among food handlers in Slovenia. Food Control, Volume 19, Issue 12, December 2008, pp 1107-1118.

51) **JEVŠNIK.M, HLEBEC.V, RASPOR.P**. Food safety knowledge and practices among food handlers in Slovenia. Food Control, Volume 19, Issue 12, December 2008, pp 1107-1118.

52) **JOUVE.J.L**. HACCP as applied in the EEC. Food Control, Volume 5, Issue 3, 1994, pp 181-186.

53) **JOUVE.J.L**. La qualité microbiologique des aliments-maitrise et critères, éditions polytechnica, 1993, 394 p.

54) **KAANANE.A**. Assurance qualité selon les démarches HACCP et PGQ. Bulletin mensuel d'information et de liaison du PNTTA (programme national de transfert de technologie en agriculture) N° 144, Septembre 2006.

55) **KAFERSTEIN.FK, MOTARJEMI.Y, BETTCHER.DW**. Food borne disease control: a transnational challenge. Emerging infectious diseases, 1997, 3(4): 503-510.

56) **KHEMILI.A**. Colloque de clôture de l'opération collective Aquitaine "Management de la sécurité alimentaire : anticipez la norme ISO 22000" – jeudi 20 octobre 2005 – Lieu : ISTAB (33) ISO 22000.

57) **KUEI-MEI.S, WEI-KANG.W**. Factors influencing HACCP implementation in Taiwanese public hospital kitchens. Food Control. Volume 22, Issues 3-4, March-April 2011, pp 496-500.

58) **MAJDI.M**. Vers des systèmes de régulation de la sûreté alimentaire plus performants : Expérience du Maroc. *In*: E.HANAK. E.BOUTRIF. P.FABRE. M.PINEIRO. Gestion de la sécurité des aliments dans les pays en développement, actes de l'atelier international. CIRAD FAO. Montpellier, France, décembre 2000, pp.1-6.

59) **MARVAUD.J, RAFFESTIN.S, POPOFF.M.R**. Le botulisme : agent, mode d'action des neurotoxines botuliques, formes d'acquisition, traitement et prévention. Comptes Rendus Biologies, Volume 325, Issue 8, August 2002, pp 863-878

60) **MASAAKI.I: Kaisen** : la clé de la compétitivité japonaise, Eyrolles, Paris. 1992

61) **MEAD.PS, SLUTSKER.L, DIETZ.V, GRAIG.LF.MC, BRESSE.JS, SHAPIRO.G**. Food related illness and death in the United States. Emerg Infect Dis, 1999: 5:607-25.

62) **MINISTERE DE L'AGRICULTURE ET DE LA PECHE MARITIME**. ONSSA: Une vision moderne du contrôle des produits alimentaires et du dispositif de sécurité sanitaire des aliments. Casablanca, 2009.

63) **MINISTERE DE LA SANTE**. Législation marocaine en matière de la répression des fraudes et la protection du consommateur [en ligne]. Disponible sur:
<http://www.azaquar.com/iaa/index.php?cible=la_legislation_ma#Sante>
(consulté le 12/12/2008)

64) **MINISTÈRE DE L'INTÉRIEUR**. Législation marocaine en matière de la répression des fraudes et la protection du consommateur [en ligne]. Disponible sur: <
http://www.azaquar.com/iaa/index.php?cible=la_legislation_ma#industrie>
(consulté le 12/12/2008)

65) **MOEZ.S**. Appréciation quantitative des risques, un outil de gestion des risques dans la filière laitière. La sécurité des produits laitiers- CREAL 2004, pp. 71-88.

66) **OIE.** Qu'est ce que l'OIE ? [en ligne]. Disponible sur: <http://web.oie.int/fr/OIE/fr_oie.htm> (consulté le 10/05/2010)

67) **OMS.** OMS [en ligne]. Disponible sur:<http://fr.wikipedia.org/wiki/Organisation_mondiale_de_la_sant%C3%A9> (consulté le 01/01/2008)

68) **OMS.** Salubrité des aliments et maladies d'origine alimentaire. 2007.

69) **P.PARGUEL, J.M.GAUTIER.** L'application du HACCP en élevage laitier: historique des essais d'application et points de vue des « acteurs » sur la généralisation de la démarche. France. Juillet 2009.

70) **PUBLICATION PMC.** L'industrie Agroalimentaire dans l'UEMOA Panorama, Problématiques, Enjeux et Perspectives. Juillet 2008, 89 p.

71) **RABILLIER.PH, DEMANGE.C.** Comment réussir et pérenniser l'accréditation, plaidoyer pour la qualité totale, Gestion Hospitalière 374(1998).

72) **RAMÍREZ VELA.A, MARTÍN FERNANDEZ.J.** Barriers for the developing and implementation of HACCP plans: results from a Spanish regional survey. Food Control. Volume 14, Issue 5, June 2003, pp 333-337.

73) **ROBERTS.K.R, SNEED.J.** Status of prerequisite and HACCP program implementation in Iowa restaurants. Food Protection Trends, 23(10), (2003), pp 808–816.

74) **SCHLUNDT.J.** L'évaluation du risque comme outil de gestion de risque : le cas des contaminants microbiens. *In*: E.HANAK. E.BOUTRIF. P.FABRE. M.PINEIRO. Gestion de la sécurité des aliments dans les pays en développement, actes de l'atelier international. CIRAD FAO. Montpellier, France, décembre 2000, pp 1-3.

75) **SNIMA.** Qu'est ce que la certification NM HACCP? [en ligne], Disponible sur: <http://www.snima.ma/index.php/imanor/Certification/Certification-HACCP/Qu-est-ce-que-la-certification-NM-HACCP> (Consulté mai 2010)

76) **TAUXE.RT.** Emerging Food borne diseases: an evolving public health challenge. NEmerg Infect Dis 1997; 3:425-34.

77) **TAYLOR. E, KANE.K.** Reducing the burden of HACCP on SMEs. Food Control, 2005, pp 16, 833–839.

78) **TAYLOR.E.** HACCP in small companies: benewt or burden. Food Control, 12, 2001, pp 217–222.

79) **TIXIER.G.** Un point du vue sur les difficultés rencontrées dans l'usage de l'HACCP. GRADA.2008

80) **VAN WASSENHOVE.W.** Définition et opérationnalisation d'une Organisation Apprenante (O.A.) à l'aide du Retour d'Expérience .Application à la

gestion des alertes sanitaires liées à l'alimentation. Ecole Nationale du Génie Rural, des Eaux et des Forets centre de Paris, 20 décembre 2004, pp.1-6.

81) **VAN WASSENHOVE.W.** Définition et opérationnalisation d'une Organisation Apprenante (O.A.) à l'aide du Retour d'Expérience .Application à la gestion des alertes sanitaires liées à l'alimentation. Ecole Nationale du Génie Rural, des Eaux et des Forets centre de Paris, 20 décembre 2004, pp. 26-27

82) **VERGONJEANNE.F.J.C.** Le système HACCP- méthodologie, thèse pour le doctorat vétérinaire, Ecole nationale de Toulouse, 1993, pp 5-41.

Bibliographie : Textes réglementaire

83) **CIRCULAIRE RELATIVE A LA CERTIFICATION nm HACCP**, Article 1 : objet et domaine d'application, (Ministère de l'industrie, du commerce et des Télécommunications, département du commerce et de l'industrie : 9 avril 2003).

84) **COLLECTION « TEXTES JURIDIQUE ».** La nouvelle loi sur la protection du consommateur. Loi n° 31-08 édictant des mesures de protection du consommateur. Rabat-Maroc : dar nachr Almaârifa, 2011, 144 p, ISBN : 978-9954-20-303-3

85) **DAHIR n° 1.70.157** du 26 Joumada I 1390 (30 Juillet 1970) relatif à la normalisation industrielle, en vue de la recherche de la qualité et de l'amélioration de la productivité (B.O n° 3024 du 14.10.1970 Page 1411) tel qu'il a été modifié par le Dahir portant loi n°1.93.221 du 22 Rabi I 1414 (10septmbre 1993)

86) **DAHIR n° 1-09-20 du 22 safar 1430 (18 février 2009)** portant promulgation de la loi n° 25-08 portant création de l'Office national de sécurité sanitaire des produits alimentaires. BULLETIN OFFICIEL N° 5714 – 7 rabii I 1430 (5-3-2009).

87) **DAHIR** portant loi n 1-75-291 du 24 chaoual 1397 (8 octobre 1977) édictant des mesures relatives à l'inspection sanitaire et qualitative des animaux vivants, des denrées animales ou d'origine animale

88) **DEPARTEMENT DU COMMERCE ET DE L'INDUSTRIE** (DCI) [en ligne]. Disponible sur: <www.mcinet.gov.ma/mciweb> (consulté le 27 /12/2007)

89) **DIRECTIVE 91/493/CEE** du conseil du 22 juillet 1991 fixant les règles sanitaires régissant la production et la mise sur le marché des produits de la pêche, Journal officiel n L 268, 24/09/1991, pp 0015-0034

90) DIRECTIVE 92/46/CEE du 16 juin 1992 arrêtant les règles sanitaires pour la production et la mise sur le marché de lait cru, de lait traité thermiquement et de produits à base de lait ; Journal officiel n L 268, 14/09/1992, pp 0001-0031

91) DIRECTIVE 92/5/CEE du conseil du 10 février 1992 portant modification et mise à jour de la directive 77/99/CEE relative à des problèmes sanitaires en matière d'échanges intracommunautaires de produits à base de viande, Journal officiel n L 057, 02/03/1992, pp 0001-0026

92) DIRECTIVE 93/43/CEE du conseil du 14 juin 1993 relative à l'hygiène des denrées alimentaires, Journal officiel n L 175, 19/07/1993, pp 0001-0011

93) LOI n 13-83 relative à la répression des fraudes sur les marchandises, promulguée par le dahir n 1-83-108 du 9 moharrem 1405 (5 octobre 1984)

www.ingramcontent.com/pod-product-compliance
Lightning Source LLC
Chambersburg PA
CBHW020315220326
41598CB00017BA/1570